Wisdom of Zen
智慧禅·系列

见·悟·行

世界上最幸运的人

告别焦虑的心灵成长之书

［尼泊尔］咏给·明就仁波切 / 著
艾瑞克·史旺森 / 执笔
林瑞冠 / 译

海南出版社
·海口·

版权合同登记号：图字：30-2021-092 号

图书在版编目 (CIP) 数据

世界上最幸运的人 / (尼泊尔) 明就 (Mingyur,Y.) 著 ; 林瑞冠译 . -- 海口 : 海南出版社 , 2014. 1 (2025. 11 重印).
ISBN 978-7-5443-5282-6

Ⅰ . ①世… Ⅱ . ①明… ②林… Ⅲ . ①人生哲学 – 通俗读物 Ⅳ . ① B821-49

中国版本图书馆 CIP 数据核字 (2013) 第 255030 号

世界上最幸运的人
SHIJIE SHANG ZUI XINGYUN DE REN

作　　者：[尼泊尔] 咏给 · 明就仁波切
执　　笔：艾瑞克 · 史旺森
译　　者：林瑞冠
责任编辑：张　雪
执行编辑：张　雪
责任印制：郄亚喃
印刷装订：河北盛世彩捷印刷有限公司
读者服务：张西贝佳
出版发行：海南出版社
总社地址：海口市金盘开发区建设三横路 2 号　邮编：570216
北京地址：北京市朝阳区黄厂路 3 号院 7 号楼 101 室
电　　话：0898-66812392　010-87336670
电子邮箱：hnbook@263.net
经　　销：全国新华书店
出版日期：2014 年 1 月第 1 版　2025 年 11 月第 14 次印刷
开　　本：880mm × 1 230mm　1/32
印　　张：7.625
字　　数：180 千字
书　　号：ISBN 978-7-5443-5282-6
定　　价：39.80 元

编辑手记

当幸运来敲门

我很幸运，能参与明就仁波切两本畅销著作的编辑工作。一本是《世界上最快乐的人》，还有一本就是你现在看的《世界上最幸运的人》。这两本书，集结了明就仁波切十几年全球巡回讲学的精华，融合了藏传佛教思想与科学观点，甫一出版，便立即成为佛学心灵类畅销书。前一本书通过明就仁波切的亲身经验和脑科学实验，揭开了快乐的秘密与科学，书中讲述了他如何克服恐慌症，成为“世界上最快乐的人”（科学已证明）。后一本书则让你认出自心的力量与潜能，做个幸运的人，书中通过很多精彩的故事，引领你去认识自己，开放自心，从而获得喜悦的智慧。

明就仁波切很幸运，出生于禅修大师之家（他父亲祖古·乌金仁波切是20世纪禅修大师），但他同我们一样也有不愉快的经验：“打从童年开始，恐惧感和焦虑感就不断地困扰着我，每当身处陌生人群之中，我就会心跳加速，冷汗直流。”明就仁波切成长在一种浸润在佛教哲理和修持的文化中，由于他父亲和其他老师的教导而受益良多，但他是不是就因此而无忧无虑了呢？其实不是的，他说："虽然我处在很幸运的环境下，但我仍难以领会我的基本本质是自由、清澈、具足能力的……尤其是焦虑和其他强烈情绪把我牢牢捆住时，我几乎不能呼吸。"对于生活中的烦恼和情绪，究竟要如何处理呢？明就仁波切指出，与其抗拒或投降，不如把它们当作朋友来面对，这样就能获得持久与真正的本俱智慧、信心、清明和喜悦。

你也很幸运，能够看到《世界上最幸运的人》这本书，聆听明就仁波切关于人的内在力量与潜能的教导。但是在这个世间，大多数人看待自己和周遭世界的观点被文化熏陶、家庭教育、个人经历以及一些基本生理倾向等局限了。他们无法发觉自身的转化能力或内在自由带来的开阔，他们因为种种生活难题而无暇省思，他们会长时间麻木，并认为生命就是如此，甚至不想改变。明就仁波切说人类都受到这种基本绝望感的影响，"这种绝望心态就像河底的一层烂泥，一直存在，我们却看不见"。当你身处这种状况时，你还以为自己是幸运的吗？估计你会有所迟疑，对此，明就仁波切指出："脆弱与不完美的感觉之中，蕴含着了悟自身力量的关键。"如果明就仁波切没有面对他年轻时的恐慌与焦虑，他就不会有现在的成就，不会前往世界各地，镇定自若地坐在一群陌生人面前传达快乐的智慧。

不管快乐与否，其实我们都是幸运的，只是有时忘了或没有认出来。我们幸运地生活在人类历史上的这个独特的时代，西方科学家与佛教科学家通力合作，为全人类提供了达到超乎想象的可能方法。感恩明就仁波切为我们提供了很多切实可行的具体方法，让我们将自己的潜能完全体现出来。

当幸运来敲门时，你准备好了吗？

说明：本书在编辑的过程中，出于对大众读者的考虑，特意将目录中的内容丰富化了，将一些笼统的标题具体化了，这些新标题都是从内文提炼出来的，如有不当之处，请读者指正。

前言

危机，就是转机。

——阿尔伯特·爱因斯坦（Albert Einstein）

最近我到北美巡回讲学，有个学生告诉我，一位颇具影响力的哲学家将20世纪称为“焦虑年代”。

“为什么呢？”我问他。

他解释道，根据这位哲学家的说法，两次血流成河的世界大战，在人们心里烙下了情感伤痕。这两次战争发生之前，从来没有那么多人死于战争。更糟的是，工业化和科技的进步，本来是希望为人类带来更文明和舒适的生活，却直接造成了生灵涂炭。

他继续说，不只是那些可怕的战争，我们为了享有物质生活的舒适便利而发展的每项进步，都有黑暗的一面。像移动电话、超市扫描机、提款机和个人计算机等的科技突破，也是制造武器的基础——足以毁了人类，甚至毁了我们称为“家”的地球。电子邮件、网络与其他计算机科技等，应该是要让生活更自在的，反而把我们淹没在过多资讯和不确定性之中，那些看似急迫的信息，老是逼得我们似乎非马上处理不可。

他接着说，网络、杂志、报纸或电视上的新闻，让人感觉很不愉快，内容都充斥着冲突和暴力，以及预测坏事的降临。我问他，为什么这些报道只着眼在暴力、犯罪和恐怖行动，却不报道好人好事和成功事迹呢？

“报道坏消息才有卖点。”他回答。

“我不懂你的意思。”我疑惑地看着他。

“灾难会引起大家的注意。”他解释，因为它证实了我们内心深处的恐惧，也就是生命是难以预测和令人惊慌的。我们一直在对下一件坏事保持警戒，这样才能预防股市崩盘、自杀炸弹、海啸、地震等。“一点也没错！”我们心想，“我的恐惧是对的……我现在应该好好想一想怎么保护自己。”

在他解释的同时，我明白了他描述的情绪问题并不是现代人才有的。从有两千五百年历史的佛教观点来看，人类历史上的每个重要时期，都可称为“焦虑年代”，焦虑已经是人类长期的症状。一般来说，我们对待这种基本的不安和烦恼，有两种不同反应——不是想摆脱它，就是向它竖白旗投降。不管哪一种反应，往往制造更多的纠葛和问题。

对于这种焦虑，佛教提供了第三种选择——“直观”，直观生活中的烦恼和情绪，作为解脱的踏脚石。与其抗拒或投降，不如把它们当作朋友来面对。这样一来，我们就能获得持久与真正的本俱智慧、信心、清明和喜悦。

许多人问：“我要如何运用这个方法呢？”“如何将生活融入修行之道呢？”本书从许多角度解答了这些人的疑问。这是一本实用手册，教导大家将佛教的洞见和实修，运用到解决日常遭遇的难题中。

另外，如果你目前生命中还没遇到大麻烦，或者你是个快乐、满足、有福气的幸运儿，本书也将提供经过证明、确实有用的佛法观点，帮助你检视人生的基本状态（或者生命的实相），但愿这些方法能够帮助发掘并培养你从未察觉的潜力。

我们将书上提到的观念和方法，汇编为精要的指南，就像你买手机会附送使用手册一样，内容是："第一步：请检查包装盒中是否有以下的商品……""第二步：请取下手机后面的电池盖""第三步：安装电池"。我过去接受的是佛教传统训练，从小就受佛教熏陶，因此被教导要从修持中得到真正的利益，必须认识基本的教义，也就是"见地"。我们必须了解自己的基本状况才有办法面对，否则，修持就会漫无目标，无法击中要害。因此，我认为最好的方法是根据传统佛教典籍的形式，将内容分成三部分——

第一部分，是"见"，就是探究我们的基本状况：导致生活中各种不安的本质和原因，并了解这些不安能够引导我们深刻认识自身的本质。

第二部分，是"修"，就是提供循序渐进的三种基本禅修指导，借由这些方法，我们可以安住自心、开放自心和培养智慧。

第三部分，是"行"，就是好好运用第一部分学到的见解，以及第二部分学到的对治一般身心和个人问题的方法。

我早年内在的奋斗心路，对于本书接下来所要探索的主题，也许多少有些帮助。然而，我在书中多数部分所分享的精彩内容，都来自我的上师和朋友，以及过去十二年的世界讲学经历中与我坦诚分享生命经验的人，我尤其要将他们铭记在心。他们的故事，拓展了我精神生活的多角度视野，也让我对身为佛教徒所学到的各种方法充满无限感激。

目录

第一部　认识自己

我们的生命是自心所塑造的，

我们是自心之所思（诸法意先导，意主意造作）。

——《法句经》——

| 第一章 |

隧道中的光

人类存在的唯一目的，就是为身处黑暗的可怜众生点燃一盏明灯。

——荣格，《回忆、梦、省思》(*Memories, Dreams, Reflections*)

几年前，我被绑在功能性核磁共振造影扫描器里，进行脑部实验。我觉得那个机器就像一具圆形的白色棺材。我躺在检验台上，它像舌头一样，把我吸入中空的圆柱里。工作人员告诉我，圆柱里面是扫描仪器。我的手臂、脚和头被捆绑起来，全身动弹不得，嘴里还含了咬合器，防止上下颚移动。进行脑部扫描前的准备工作真的很有趣，检验师也很有礼貌地向我解释每一个动作与目的。虽然我整个人被塞进机器的过程还挺平顺的，但是，如果想象力丰富的话，会觉得好像被什么东西一口吞下了肚子。

机器内的温度很快就升高了。我被绑住，所以没有办法用手去擦拭脸上的汗，更别提抓痒了——当你无法抓痒时，那种难受你很难想象。机器本身发出很大的呼呼急转声，就像警铃一样。

听完我的描述，大概没有人会想在功能性核磁共振造影扫描器里待超过一小时。不过，包括我和几名僧人在内的十五人自愿接受这种难受的检验，支持安东尼·露兹（Antoine Lutz）教授与理查德·戴维森（Richard Davidson）教授共同主持的卫斯门实验室的神经科学研究。美国威斯康星州麦迪逊市的研究室，主要从事脑部影像与行为的研究，目的是要检视长期禅修练习对脑部的影响。这里所指的"长期"，是指累计一万至五万小时的禅修时数。其中资浅的禅修者的时数大约是十五年，资深的禅修者的时数长达四十年。

就我所知，功能性核磁共振造影扫描器跟标准的核磁共振造影稍有不同。核磁共振造影是运用强大的磁力与无线电波，加上计算机的辅助，记录体内器官与身体结构的细部静态照片。功能性核磁共振造影扫描器记录的是脑部活动与功能的瞬间动态变化。这两种差异就像是照片与录像。当受测者被要求进行特定行为——像听声音、看影片，或进行某种内心活动时，神经科学家能通过功能性核磁共振造影技术追踪脑部不同区块的变化。这些信号经过计算机的处理后，就有点像播放中的脑部电影。

我们被要求进行各种实验，包括交替"特定的禅修练习"和"让心在一般或中性状态中休息"：禅修三分钟，再休息三分钟。我们在禅修过程会听到一些声音，一般人会觉得这些声音很不悦耳——像是女人的尖叫声和婴儿的哭声。其中一项实验是要测出这些不悦的声音对经验丰富的禅修者的脑部的影响。这些声音会打断他们持续的专注力吗？脑内与愤怒相关的区块会不会更活跃，或者毫无影响？

其实研究小组发现，播放令人不悦的声音时，脑中与母爱、同情，以及正面的内心状态相关区域的活动力竟然增强了。[①]不愉快的经验反而触发了内心深处的平静、清明和悲心。

这项实验指出了佛教禅修的主要好处之一：利用伴随烦恼的困境来修持，揭开人内心的力量和潜能。

大部分人从未发觉这种转化的能力，或内在自由带来的开阔。因为一般人光是面对平日内心与外在的难题就耗费许多时间，只剩下一点点时间可以省思——用“退一步的心”评估我们对于例行事物的惯性回应，并思考是否有其他选择。通常时间一久，我们就会麻木，并认为我本来就是这样，生命就是如此，我无法改变。绝大部分人甚至没有察觉，他们就是这样看待自己和周遭的世界的。这种绝望心态就像河底的一层烂泥，一直存在，我们却看不见。

人类都受到这种基本绝望感的影响。我在尼泊尔长大，那里物质匮乏，没有电器、电话、暖气或冷气，也没有自来水。有些人每天都必须走很远的山路到河边提水，把水桶装满后再提回山上，接着把水倒入储水槽，然后再长途跋涉下山提水，他们来回十趟只足够取得一天的用水，还有许多人无法赚得足够的钱养家。即使不习惯表达自己内心情感的亚洲人，焦虑和绝望的神情却明显地写在脸上，为了活下去，他们得每天抱持着奋斗的精神。

1998 年，我首次到西方巡回讲学，当时我天真地以为西方人

---

① 详见《悲心修持的情感神经电路图的规则：禅修专门技巧的作用》（Regulation of Neural Circuitry of Emotion By Compassion Meditation:Effects of Meditative Expertise），Lutz, a., Brefczynski-Lewis, J., Davidson, R. J., 2008, *PLOS ONE* 3(3):e1897。

拥有所有现代化设备，应该会对他们的生活更有自信和满足。但是，我发现他们痛苦的程度并不亚于我家乡的人，只是他们痛苦的状态和来源不同。我很好奇，便问法会的主办人：“怎么会这样呢？一切都这么美好。你们有舒适的家、好车和好工作，为什么还会这么不快乐呢？”可能是西方人比较愿意敞开心胸谈论自己的问题，也可能是我请教的对象为了对我表示礼貌，因为不久之后，我得到的答案比我预期的还要多。

我立刻就见到塞车、拥挤的街道、工作解雇日、缴费单，还有在银行、邮局、机场和杂货店里，会引起人们紧张和愤怒的大排长龙。家庭或职场的人际关系问题，往往也让大家很心烦。许多人的日常行程排得满满的，好不容易结束一天的工作回到家里，只希望全世界和所有人都能消失片刻。可是，当他们回到家，两脚跷得高高正准备要放松的时候，电话响了，邻居的狗开始吠了，他们心中渴望的满足和宁静……刹那间，也就瓦解了！

听完之后，我了解到大家用许多时间、精力去累积和维持物质或“外在财富”，却很少有机会培养“内在财富”，像是悲心、耐心、慷慨和宁静等。这样的失衡，使大家在面对离婚、重大疾病、慢性病或情绪痛苦等严重问题时，显得特别脆弱。过去十年，在我到全球讲学教导禅修和佛教教义的旅程中，我遇过一些人在碰到困境时完全不知所措。有些人失业，因此被贫穷、失去家庭、永远无法重新开始等的恐惧击垮；另外有些人的家人或孩子，因为严重的情绪或行为问题而受苦，他们费尽心力在应付这些无法放下的执着和重担。原来有这么多人无法面对沮丧、讨厌自己和自卑，这令我十分吃惊。

已经有很多人在找寻方法要面对耗损人心的情绪和压力，他们注意到了佛法，因为他们读到或听到佛教提供的新方法能有效克服痛苦并得到平静和幸福。佛陀在两千五百年前提出他的教法与修持时，并不是为了帮助我们解决现实生活问题，或摆脱那些纠缠在我们日常生活中的寂寞、不安和恐惧，而是告诉我们：只有欣然接受困境，才能得到自由。

我知道有些人听到这种说法会很沮丧。我的童年和青少年时期都处在强烈的焦虑和恐惧感之中，当时的我，也只想要“逃避”。

念头是认识自己的机会

我们容许欲望和其他情绪发挥的空间有多大，就会发现它相对想要发挥的范围有多大。

——卡卢仁波切，《柔和低语》（*Gently Whispered*）

我小时候很敏感，完全受情绪摆布。对于外界的事物，我的情绪反应很强烈。如果别人对我好，我就会开心好几天；但如果碰到像是考试不及格或被人斥责等小问题，我就想要躲起来。在陌生人旁边，我特别容易紧张，接着开始发抖，喉咙紧缩，头晕目眩。

我小时候碰到的不愉快的事远比愉快的事多，当时唯一能帮助我的是逃回家里附近的山上，独自一人坐在山洞里。这些山洞很特别，因为世代的佛教修行者曾经在这些地方做长期的禅修闭关，我可以感觉到他们的存在，还有他们宁静的内心。

我父亲是伟大的禅师祖古·乌金仁波切，我看过他和他的弟子们的禅修坐姿，我就模仿他们，假装自己在禅修。当时我还没有受过任何正式训练，但仅仅坐在那里，我就能感觉到过去成就者的存在，一种寂静的感觉悄悄地席卷了我。时间好像静止了。之后，我走出山洞，回到了家。祖母因为找不到我而骂了我一顿，当时我心中的宁静，瞬间就消逝得无影无踪。

大概在我9岁的时候，父亲开始正式传授我禅修的方法，我的情况因此稍有好转。虽然我喜欢“禅修”这个想法及“禅修”呈现的愿景，但那时我真的不太喜欢禅修。对于在全球巡回讲学的人来说，承认这种事真是尴尬。那时我真的不喜欢禅修，因为禅修时，身体会痒、背会痛、脚会麻，还有好多念头在心中嗡嗡作响。我根本不能专心，还会胡思乱想，像“如果发生地震或暴风雨怎么办”。我尤其害怕会狂扫家乡的那种狂风暴雨，全是闪电和隆隆的雷声。说真的，我是典型的“认真却从不实修的修行者”。

我父亲是位好老师。好的禅修老师会经常问学生的禅修体验，这是判断学生学习进度的方法之一。你很难向一个善于观察学生进步征兆的老师隐瞒禅修状况，尤其那个人正好是你父亲。所以，即便我感受得到他对我的失望，但除了据实以报，我别无选择。

不过，结果证明诚实是最好的策略。一位经验丰富的老师，本身通常经历过非常艰难的修持过程。很少有人第一次禅坐就能完全入定，就算真的有这种人，那也是因为他们从上师和过去高僧大德所撰写的典籍中，事先了解了修行者会碰到的各种问题。当然，长年累月教导数百位弟子的老师，在训练弟子的过程中，一定会听到弟子的抱怨和误解。知识渊博的老师能够轻而易举地帮助弟子解决问题，并给予正确指导。

我一直很感激父亲仁慈地接受我的忏悔，因为我无可救药地陷在散乱之中，即使是眼睛专注在物体上的简单禅修，我也无法领会。一开始，我父亲告诉我，不用担心，散乱是正常的，尤其是初学者，心中会产生各种想法，就像被湍急河流冲走的小树枝。“小树枝”指的是身体的感觉、情绪、回忆、计划，甚至是“我不会禅修”的想法等，心会被它们带走、抓住。就像心中有疑惑时，你会想：“为什么我不能禅修呢？我的问题到底在哪里？教室里的每个人好像都能领会，为什么对我就是这么难？”

我的父亲解释道，当下无论是什么经过你的心，都可以作为专注的对境，因为你正好在注意它。这样的专注练习，会渐渐减缓“河流”的速度，你会体验到“对境”与“观看的纯然觉性”两者间的一点点空隙。只要多练习，空隙的时间会愈来愈长。后来，我渐渐不再去注意念头、情绪和身体的感觉，我开始感受体验的纯然觉性。

这些教导并不是立刻就改变了我，但是，我得到了很大的安慰，我不用再逃避散乱，或让散乱跟着我一起逃。我可以在“原地跑”，无论什么念头、感受、身体的感觉，都成为我认识自心的机会。

跟心交朋友

我们必须乐意当一个完全平凡的人，也就是接受我们本来的样子。

——邱阳·创巴仁波切，《自由的迷思》（*The Myth of Freedom*）

禅修，藏文是 gom，意思是“熟练”，最容易理解的说法就是“认识自心的过程”。其实这很简单，就像在聚会上遇到陌生人，你会向对方自我介绍：“你好，我是某某人。”接着你聊到共同话题：“你为什么来这里呢？谁邀请你来的？”你的眼睛一直看着对方，心里却在注意他的脸形、身高、头发的颜色等。

禅修就是熟悉你的心，就像对陌生人做自我介绍一样。这乍听有点奇怪，因为我们多半认为已经认识自己的心了。我们通常很熟悉川流不息的念头、情绪和身体感觉，却很少停下来一个一个做个别观察，或对它们敞开心扉，就像对陌生人那样。不只这样，我们还经常将心理、情绪和各个感官看成单一、独立的“整体”。怎么说呢？

举个简单的例子，假设你开车前往公司途中遇到塞车，你把塞车当作单一事件，但其实这是由许多事件组合而成的。像是你渐渐松开踏在油门上的脚，开始踩刹车；你观察到四周车子的车速都慢下来，接着停下来；你手部的神经记录了手持方向盘的知觉，同时你的背和脚的神经记录了与座位的碰触；车子的喇叭声从窗户传进来。你同时心想：“糟了！我快要来不及参加晨会了！”你瞬间开始在心里上演一部迟到的“戏码”：老板很生气，或你错过重要信息，或无法跟同事做简报。接着，你的心跳加速、全身冒汗；你发现自己很气前面的驾驶，然后开始不耐烦地按喇叭。即使有许多身体、心理和情绪的状态同时进行，对心而言，却好像是“单一”与“合为一体”的体验。

我曾经跟一些认知科学家谈过，根据他们的说法，把许多不同体验整合为单一事件，是人类典型的内心运作。我们的大脑通过身体的感知器官持续地处理多样的信息流，并根据过去经验来评估这些信息，接着身体就准备用特定的方式回应。举例来说，当肾上腺素在血管中释放时，我们的警觉性就会提高，同时，脑中有关记忆和计划的区块，开始衍生其他想法：“前面塞车塞得多远呢？我应该打电话给谁呢？或许我应该再等一下。不远处有个出口，我可以从那里开出去，换条路走。喂！前面那台车想要从路肩超车。”脑中与理解、记忆和计划有关的区块，很接近产生情绪反应的部位，因此，无论生起何种想法，一般都会受到某些感觉的影响。就像塞车，或我对于大雷雨的反应，通常都是不愉快的。

这些过程是同步进行的，超出一般人的觉察力。脑部通过感官所接收的信息，我们觉察不到百分之一。脑子竞相攫取引起它注意的有限信息，过滤掉它认为不需要的，自动趋向它认为重要的。这个系统很有帮助，因为如果我们对于每一个动作，简单到从这个房间走到另一个房间都保持敏锐的知觉，像是察觉到抬起一只脚、放下另一只脚、周遭空气的细微改变、墙壁的颜色、声音的大小等，我们很快就会被这些细节干扰而无法走到目的地；即使我们只走到隔壁房间，大概也忘了本来要去做什么。

不过，这个运作系统的缺点，是最后会将每一瞬间的体验，误认为是一个整体的体验。当我们在不安的情境中或有强烈的情绪时会造成问题，是因为我们只会执取当下最强烈的体验，像是身体的疼痛、对迟到的恐惧、没通过考试的难堪，或失去挚友的悲伤等。遇到这种情况，心会倾向于二选一：逃离，或屈服。我们对体验会有两种反应，一种是把它当“敌人”，另一种是把它当“老板”——完全主宰我们的念头并操纵我们的反应。即便我们真的能够暂时逃离烦恼的对境，像是去看电视、看书或上网，我们也只是把问题暂时藏在地下而已，这反而让它暗地里获得更多的力量，因为我们现在又有了“待会儿还得再次面对它”的恐惧。

我向父亲提出我在禅修中碰到的问题，他建议我在两种极端方法中采取折中的做法。他告诉我，与其阻挡散乱或对它让步，倒不如把它当作朋友并对它表示欢迎：“恐惧，你好！瘙痒，你好！你好吗？请多坐一会儿，我们可以进一步认识彼此。”

以柔和的态度欢迎念头、情绪和感官知觉，这个练习在藏文里叫 drenpa，也译为“正念”，意思是“觉察”。我们正在觉察的是一般容易忽略的微细身心过程，我们通常只会注意“大事件”，因为明显的体验会拦截注意力，导致我们无力抵抗，或激起我们想要逃离的冲动。有了正念，就可以“大事化小”，化为众多能处理的小单位——它们以惊人的速度在觉性中闪现。

跟“心”交朋友的时候，你会大吃一惊，因为它突然变得很害羞。本来极猛烈坚实的念头、感觉，几乎在出现的那一刹那就消失了，就像强风吹散烟雾。我也碰到许多人刚开始修持正念会面临的情况，经过“心”的一切，即便要观察到十分之一都相当不容易。不过，这种奔腾的感觉自然而然会缓和下来，接着，我觉察了几件事。

首先，我开始了解“执着烦恼和散乱是坚实的、恒常的”其实是错觉。恐惧造成的瞬间痛苦，当瘙痒感一出现，就被取代了，而瘙痒感也只持续到窗外的鸟吸引我的注意之前的那个刹那。然后，也许有人咳嗽吸引了我的注意，或我心中闪过一个念头：“中餐不知道会吃些什么？”过了一会儿，恐惧又回来了，接着可能瘙痒感更加剧烈了，或是我注意到坐在我前面的那个人换姿势了……

看着这些来来去去的感觉，我好像在欣赏一场赛事。在事情进行时，我开始觉得比较平静，更有信心。我发现自己已经比较不害怕念头和感觉，也比较不受散乱的干扰。我的心逐渐开展，原本躲在背后操控的"陌生人"，即使还没有完全成为我的"朋友"，至少也是有趣的"同伴"。

当然，我还是会被念头、白日梦牵着走，处在心神不定或昏沉中。我的父亲再次告诉我，不用太担心这种情况。他说，我迟早会记得，无论当下发生什么，都要回到简单的"观察"工作。重要的是：不要责怪自己的分心。我后来才了解这个提醒很重要，因为我真的经常责怪自己不专心。所以，这里再度教导，只是观察自己的心，就能有惊人的领悟。

我常常被自责困扰，像是"这个念头很好""这个念头不好""我喜欢这个感觉""我讨厌这个感觉"。对恐惧感到害怕，通常更甚于恐惧本身。有时候，我会觉得心里好像有两个房间，其中一个房间里全是我开始认出的念头、感受和感官知觉；另一个在后面的密室，里面挤满了喋喋不休的鬼魅。

我很快就知道这两个房间不是分开的。紧跟着是念头和感觉的唠叨声，音量太微弱，所以我没认出来。我用同样柔和的态度，去观察心里接二连三生起的判别，我开始了解这些念头和感觉是短暂的。念头和感觉来来去去，躲在它们背后的判别，逐渐消失了。

在那几年我只领受父亲的训练，童年早期起伏的情绪就比较少了。我不再那么容易受到赞美、害怕难堪和失败等的影响。我甚至发现，自己比较容易跟常来接受我父亲教导的那些访客交谈了。

不过，我的情况很快就改变了，我面临新的挑战，需要更深入运用我所学法教的程度，远超出我的想象。

问题有多猛烈，你就有多强大

西藏有一种剧毒植物的根，叫作先蠹，吃一点就会让你致命，但这种植物同时也是一种药。

——祖古·乌金仁波切，《如是》(*As it is*)

我 11 岁的时候被从父亲在尼泊尔的僻静住所送到三千英里外的印度智慧林寺院，开始学习佛法哲理和修持的严格课程。这是我第一次离家，也是我第一次搭飞机。一位老喇嘛陪我从加德满都飞往德里。我很怕坐飞机，担心万一飞机引擎突然故障，或被闪电击中。我的脑袋全是飞机从天空骤降、俯冲到地面的画面。我紧抓椅子扶手，弄得手心很痛。飞机起飞时，我满脸通红，冒着汗，全身僵硬地坐在椅子上。

坐在我身旁的一位男士看到我这么焦虑，笑着对我说："我经常搭飞机，你真的不用担心，飞机其实是很安全的，而且尼泊尔离印度很近，只要一小时，我们不知不觉就抵达了。"他和善的话语稍微缓和了我的焦虑，然后我稍微坐定，正准备要开始练习我学过的"观察自心"修持。突然间，飞机遇上了乱流，机身开始震动，那位男士几乎快被甩出他的座位，他大声尖叫。剩下的航程，我坐着不动，心里想着最坏的情况，别提"观察自心"的修持了。我想，我死定了。不过，很幸运的是，从德里到智慧林 13 个小时的车程都很顺利。我们愈接近山上的智慧林，视野就愈辽阔，一路上都很愉快。

我事前并不知道，寺院的接待处为我的到来做了特别的安排。

许多常住寺院的僧众在斜坡上列队，他们俯瞰下方的路，准备以庆典用的八英尺长号角和大鼓来迎接我。当时那个地区没有电话，所以大家等了好一会儿。最后，他们总算看到有部车子抵达，立刻就吹起了长号角并击起了鼓。但是，当车子停下来时，一位年轻的印度女士从车里走出来，很显然不是他们所要迎接的人。这位女士被这个盛况吓了一大跳，她紧张地穿过入口。这个盛大的欢迎仪式，也因此而突然尴尬地中断了。

不久之后，他们看到了我的车子，僧侣们开始大声吹起长号角并击起鼓。当我的车子靠近寺院的主要入口时，欢迎仪式却又再次中断了，因为从乐师的视线看出去，汽车的前座好像没人。其实那是因为我小时候个头很小，我被旧式车辆高大的仪表板挡住了，不过，我现在也不算高。他们不想再弄错，于是把长号角和击鼓的音量放低，接着音乐声就七零八落地停了下来。

当车门打开，我走下车，他们以欢声雷动的响亮乐音迎接我，声音大到我可以感觉到自己骨头在震动。我不知道音乐声或是陌生人列队欢迎的场面哪个比较可怕，我之前搭飞机的恐惧感又出现了，我转身就走，但却走错了方向。如果不是那位老喇嘛陪着我，我不知道能不能走进那个大门。

我刚在智慧林住下来时并不怎么顺利。尽管寺院的环境美不胜收，北方和东方是喜马拉雅山，西方和南方是平原，智慧林就坐落在其中，但我大部分时间都很不快乐。敏感和焦虑的老毛病让我不知所措。虽然我用了父亲教过的方法，很努力地欢迎它们，但是，我被它们打败了。我辗转难眠，一点芝麻小事都能引起连锁的烦乱念头。当时有件事让我现在仍然记忆犹新。有一天早晨醒来，我发现卧室窗户的玻璃上有个很小的裂痕，之后的好几个星期，我一直担心打扫人员会责怪我打破窗户，给他们添麻烦。

共修更是让我苦不堪言。那个时候大约有 80 名僧众住在寺院，他们彼此都很友善，成群结队在课堂和实修课的空当去散步。他们在一起时，开着玩笑，笑得很开心。我对他们来说是陌生人，除了身穿同样的僧袍外，我不觉得跟他们有任何交集。我们坐在主殿共修时，他们对仪轨中的文字和手印，远比我熟得多，我在想他们是不是等着看我出错。大部分的修持都有号角、鼓和铙钹的伴奏，这些声音有时候让我震耳欲聋、心跳加速、晕头转向。我很想冲出大殿，但所有人都会看到，所以我不敢逃跑。

唯一让我觉得真正自在的时间，是老师为我个别指导。一位是教导我语言、仪轨和哲理的竹奔·竹清（Drupon Lama Tsultrim），另外一位是指导我禅修的萨杰仁波切（Saljay Rinpoche）。我觉得跟萨杰仁波切特别亲近，他是一位方头灰发的睿智上师，尽管他已经 80 多岁了，但脸上几乎没有皱纹。我的脑海中至今仍然有这样一个画面：他一手拿转经轮，另一手拿念珠——用来计算“咒语”念诵次数的一串珠子。所谓“咒语”，是将古代的音节特别组合起来成为祈愿文，“咒语”一般也作为禅修的辅助。他拥有伟大的仁慈和极大的耐心，我几乎把他当作第二位父亲，无论大小问题，都向他请益。

他的回答到最后总像是甚深的开示。我记得有一天早上洗头时，耳朵进了水。我用毛巾擦耳朵里面，摇头，或把卫生纸卷起来塞入耳朵，但是，所有的方法都不管用。我告诉萨杰仁波切，他建议我把更多的水倒在耳朵里，然后把头倾斜，让水流出来。出乎我的意料，这个方法居然有用！

萨杰仁波切解释，这是佛教教义的一个实例，佛陀在久远以前就这么教了，也就是将问题作为对治法。我怯生生地问仁波切，同样的方法也可以用来面对念头和感觉吗？他疑惑地看着我，我开始向他倾吐我一生几乎都处在焦虑之中：恐惧有时猛烈地袭击我，我几乎要窒息了；我是如何运用父亲教导我的方法，友善和客观地观察心的；我回溯在尼泊尔的小成就，在那里一切都很熟悉，但来到全新、陌生的环境，所有老问题比以前更激烈地出现了。

他听我一口气说完这些话之后，给我讲了下面这则故事：

西藏有很多人烟罕至的漫漫长路，尤其在山里，没什么村落。旅行向来是一件危险的事，因为总是有强盗躲在山洞和路边石头后面准备要突袭旅人，即使有万全的防备也会遭受袭击。但是，旅人能怎么办呢？只有这几条路能通往他们的目的地。当然，他们可以集体行动，如果人数够多，强盗或许不会对他们展开攻击，但是，也不尽如此。因为强盗总是伺机要从大旅行团中抢走更多东西。有时候，旅人会雇用保镖来保护他们，但是，成效也不佳。

“为什么呢？”我问。

萨杰仁波切笑了：“强盗总是更凶狠，武器更精良，如果双方打起来，受伤的概率反而更高。”

他低头闭目，我想他可能睡着了。我正在想用什么方法可以叫醒他时，他睁开眼睛继续说：“聪明的旅人在强盗发动攻击前，会跟他们商量：'我们想聘请你们当保镖。我们现在就可以付一部分的酬劳，抵达终点后，我们会付更多酬劳给你们。这样一来，我们双方就不需要再打打杀杀，那就没有人会受伤，你们也会得到比直接在路上抢劫的更多的财物。这样你们没有风险，因为没有人会到山里缉捕你们；我们也比较安全，因为你们比较强壮，你们的武器比任何保镖的装备都要精良。如果你们让我们安全抵达，我们还可以把你们推荐给别人，你们很快就会赚得比抢劫的财物还要多的钱。你们会有个舒适的家，有个养儿育女的地方，而且再也不用躲在冬天冷死人、夏天又热得要命的洞穴里，这样不是皆大欢喜吗？'"

他停了一下，看看我是否了解他在讲什么。我的表情一定透露了我的疑惑，所以仁波切继续说："你的心，就是那条人烟罕至的漫漫长路；你说的那些问题，就是盗贼，你知道他们埋伏在哪里，所以你对旅行感到恐惧。"

你有两种方法，可以对付这种状况：

一种方法，是雇保镖防强盗：就是运用正念对治妄念，正念就像是你雇来的保镖。可是用这种方法，你还是充满了希望与恐惧："如果我看着妄念，那些妄念就会消失吧……"不管怎样，你的问题似乎都占上风，看起来永远比你更强大。

另一种方法，是干脆雇强盗当保镖：就像聪明的旅人所做的那样，你邀请问题同行。当你害怕时，不要跟恐惧奋战或逃离它，你要跟它商量："恐惧，你好！留下来吧，当我的保镖，让我看看你有多壮硕、多强大。"如果你经常这么做，恐惧终究只是你的部分体验，它会来来去去。你会跟它相处愉快，甚至开始依赖它，因为它是你能够珍惜自心力量的契机。"你的心一定是很强而有力的，才能制造出这么大的问题，对吧？”

我点头。这听起来蛮有道理的。

“一旦你不再抗拒像恐惧这样的强烈的情绪时，”他继续说，“你就可以随自己的意愿，将能量导向更有建设性的方向。当你雇用问题为保镖时，它们会让你看到心是多么强而有力。你会知道，问题有多猛烈，自己就有多强大！”

恐惧不过是飘浮在心里的想法

走出去最好的方法，就是穿越它。

——罗伯特·福罗斯特，《仆人的仆人》，（*A Servant to Servants*）

我从未想过：我的情绪暴风雨，就是自心力量的证据。或者说，我听过这个教法，特别是从我的父亲那里。他经常指出：“烦恼，其实就是自心的展现——好比炙热是太阳的产物或展现。”我就像大部分的人一样，第一次检视自心时，比较在意的是能够摆脱那些扰乱的念头和感觉，多过真正直观它们的源头。就像萨杰仁波切点出我的正念修持被希望与恐惧束缚，也就是当我观察念头的时候，“希望”不愉快的念头终究会消失，“害怕”它们要是再次出现的话，就永远无法摆脱它们。

回顾过往，我发现自己早期在面对困境或强烈情绪时所采取的策略，跟一般人没有什么不同。我用自己的想法克服焦虑和恐慌，并假设那件事一定是错的，而且自认为只要摆脱这些问题，一切就会好转，从此就会过上快乐、宁静且毫无困难的日子。萨杰仁波切教导的重点，就是要我去思维那些念头和感觉，虽然让我半夜失眠、白天心跳加速，像一只受困的鸟，但这些症状其实是正确的，就好像我的心探出头来说:“看看我啊！看看我的能耐！”

有些人可以立刻领会到念头和情绪完全不同的另一面意义。听说我父亲就是这样的人，他一听到自心本质的教法时，就直觉领悟了:所有体验，都是自心无限力量的产物，就像佛经中常说的，“觉性之神奇展现”。可惜我领会的速度没这么快。我属于“进两步，退一步”的那种人！这是我开始教学后，从学生那里听到的说法。我历经波折，最后才跟恐惧面对面，并认出它们的源头。

这个波折，发生在智慧林三年闭关课程的第一年——这段时间正在训练藏传佛教精要和高级的禅修。这些教导只能由已经领受口传并能全然掌握的上师，以口述的方式传给下一代的弟子。这种口耳相传的传统，是一种保护封印的方式，这种方式保存了溯及千年以上无间断传承教法的原始风貌。这种隔离的做法，等于让你与外界隔绝，让干扰降到最低，这是为了让你更直接、全力专注在自心的内在景象。

那时我才 13 岁，能否进入闭关还令人怀疑。一般来说，闭关的是比较年长的学生，他们比较有机会获得基本修持的稳定基础，像是正念的训练。由于萨杰仁波切将要担任此次闭关的主要老师，我很渴望在他座下学习，我极力劝说父亲为我争取闭关。寺院终于接受了我的请求。我满心欢喜地跟着其他闭关修行者一起接受闭关戒规，然后就在自己的闭关房中安顿下来。不久之后，我就后悔了。

对大部分的人而言，在开放环境中面对烦恼的念头和情绪是很困难的，但你起码有分心的机会，特别是现在的有线电视、网络、电子邮件和手机很容易取得，甚至是在森林里散步，也能为我们的心提供一些“喘息的空间”。但在三年闭关中，这种机会不多。闭关中有团体教学和共修，至今我还是不喜欢。另外还有长时间的独自禅修，这段时间除了看着自心之外，你无事可做。进入“闭关”一阵子之后，你会觉得自己好像“被关起来”，一点恼人小事都会变得很严重，强烈的念头和情绪变得更强大，好像吓人的巨人。

萨杰仁波切把这种状态比喻为去公园或郊外。你心情轻松地到了一个美丽的地方野餐，你很快就适应了那个环境；但不久之后，有官员接到总统的指示，前来向你下达总统的命令，不管发生什么事，你都不准离开这个公园。执勤的人将你团团围住，他们紧蹙眉头，不让你离开。你尝试用微笑缓和紧张的关系，他们还是继续站着，板着一张扑克脸，压抑自己的情绪，不去回应你的笑容。你全部的体验在那个瞬间改变了。你原本可以尽情享受美好的环境，现在你满脑子想的是该怎么逃出去。不幸的是，你逃不掉。

我开始逃避共修，躲在自己的房里。但从某个角度来说，这样更糟，因为我无法闪避我的心。我发抖、流汗、试着要睡觉。最后，我束手无策，只好运用我曾领受的法教——从父亲那儿学到的基本课程，柔和地开始看着念头和情绪的来来去去，观察它们无常的本质。第一天之后，我发现自己能够欢迎念头和情绪了，我开始被它们的变化和力量迷住。我的一位学生形容，这个体验就像在看万花筒里的图案变化。到了第三天，我开始明白——不是通过头脑，而是直接体验到萨杰仁波切所说的“保镖”的意涵：看起来无法抵抗的念头和想法，其实是自心无限宽广的展现和无尽的创造力量。

隔天，我走出房间，抱着从来不敢奢望的更大信心和清明，开始再度参加共修。

接下来的闭关期间，并不是说我再也没有任何内心或情绪的“颠簸”，甚至到现在，几乎是二十年后，我仍然受制于凡夫的经验范畴。我不太算大家所谓的“开悟者”。我跟其他人一样会疲累，有时候我也会感到挫折、生气或无聊。我期待偶尔能在讲学行程中休息，我还怕冷。

不过，因为我已经学过一些面对自心的方法，我发现自己与这些体验的关系已经改变了。我原本完全无法抗拒它们，现在开始欢迎它们给我的功课。现在我不管面对什么挑战，都将它们当成是培养更深广觉性的机会，这个转化随着修持的进展发生得愈来愈自然。这个情况，类似游泳的人碰到小水漩时，肌肉会立刻变得更有力量。经过这种考验后，会更强壮、更有自信。我发现这也会发生在生气、疲累或无聊时。我不去执着内心或情绪的动乱，或执着要寻找其原因，而是试图去观察它本来的相貌：它们是自心的波浪，自心无限力量的展现。

总之，我的生命一点也不完美，但我很满足。从某个角度来说，我很感激童年时的恼人情绪。我们在生命中遇到的障碍，会强烈刺激我们的改变。

我最近到加拿大巡回讲演时遇见了一位学生，他说：“焦虑一直是我的问题，尤其在我工作的时候。我觉得自己做得不够好、不够快，我不像其他同事那么迅速和能干，同事在背后说我的坏话，我会失业。如果我失业了，我要怎么养家糊口？我要怎么求得温饱呢？这些念头会一直持续，直到我似乎真的体会到变成游民的恐惧，拿着杯子向路人乞讨。

“唯一能使我平静下来的，就是寻找‘隧道尽头的光’——极度希望情况的改变。我会找到一个要求不是这么高的工作，也许压力会比较少，也许我会碰到新主管，也许在我背后窃窃私语的人会被开除。

“然后我开始观察焦虑，我开始了解问题不在于工作，而是我对于工作的想法。寻找‘隧道尽头的光’不过就是恐惧的另一面——希望情况能改变，把我从恐慌中救出来。我逐渐开始了解，希望与恐惧不过是飘浮在心里的想法，它们跟工作本身真的没有什么关系。

“刹那间，我突然了解了，我在寻找的光就是隧道，而困住我的隧道就是光，两者唯一的差别是我的观点——我看待处境的方式。

“观点的改变使一切都不同了。现在当我焦虑或害怕时，我可以看着那些一时的念头，并知道我有不同的选择。我可以向它们投降，或观察它们。如果我选择观察它们的话，我就能够更认识自己，并知道我能够决定要如何回应生命中的事件。”

他的故事，提醒了我在功能性核磁共振造影扫描器中的经验——那台机器就像个隧道，里面的挑战，包括了容易使人仓皇失措的高温、噪音、尖叫声和哭声，但这些机会反而让人发现了更强烈的平静、清明和悲心。我早年的训练与往后的经验告诉我，一开始看起来好像是黑暗的体验，实际上未必如此。它的本质，只不过是自心真实光芒所投射的光影。

| 第二章 |

问题就是解答

我们探索的终点，是我们原先出发的地方，这是我们第一次认识这个地方。

——艾略特，《小吉丁》（*Little Gidding*）

不久之前，我参观巴黎的蜡像博物馆时，看到一尊惟妙惟肖的喇嘛蜡像。我很熟悉这位喇嘛的模样，所以我从各个角度仔细欣赏这尊蜡像。我正在端详蜡像时，一对年轻男女走过来。那位女士就在蜡像和我的中间蹲下来，她的朋友正准备要替她拍照。我不想挡住他们，就开始往一旁移动。就在那个时候，那位女士突然尖叫，拿相机的那位男士下巴也快要掉到地上了。原来是博物馆的光线很昏暗，他们把我当成了展示品——站在喇嘛像身旁的另一尊快乐小喇嘛蜡像。

他们还以为我是蜡像，却突然变成了活人，他们定了神后，我们笑成了一团，最后彼此愉快地说了再见。我继续参观博物馆时，想起了刚才的短暂相遇，这揭露了人类习性中普遍且根本的可悲一面。那对年轻情侣来到蜡像馆时，已经有明确的目的，他们从未想过实际情况会超出预期。同样地，多数人有各种先入为主的想法和信念，然而，对于生命的实相却是无知的，我的老师称之为“根本实相”。

若要明白何谓“实相”，我们需要了解佛陀达到“证悟”后，对大众的第一次开示——“证悟”这个名词，听起来有点崇高、难以理解。

其实要证悟很简单。证悟就好像我们不知道房间里有灯、有开关，每次习惯性地走进那个房间，总是撞到桌子、椅子和其他家具。有一天，不知是运气好还是恰巧，抑或正好碰到电灯的开关，灯亮了。瞬间，我们看清了整个房间，包括所有家具、墙壁、地毯，我们心想：“怪不得我一直撞到这些东西！”我们惊讶于第一次看到的所有东西。我们还看到那电灯开关，可是我们之前就是不知道，或者是我们从没想过这个房间除了黑暗之外，还有其他可能。

这是“证悟”的一种解释：为我们在黑暗房间中摸索的一生，点亮一盏明灯。

佛陀最伟大的成就，就是他点醒了我们——我们太习惯在黑暗中行走，而忘了如何开灯。

体验我们的自心本质

我们现在拥有闲暇而圆满的人身，它是如此难以获得且不会长久。

——巴楚仁波切，《普贤上师言教》(*Words of My Perfect Teacher*)

佛陀是一位伟大的老师，他不以形而上的观点弘法，而是开示多数人能马上运用的教法。要完全掌握他简易明确的教法，我们必须先去除环绕他的神话，才能见到他真正的面目。

很久以前，悉达多·乔达摩王子是北印度部族领袖的儿子，他的名字在出生时就取好了。在祝贺王子诞辰的庆典上，一位婆罗门先知就预言他长大后会成为有权势的国王或伟大的圣者。佛陀的父亲害怕他的长子未来会舍弃王位，于是替他兴建了许多座寻欢作乐的宫殿，不让他看到生命的各种苦痛，以免启发他的心灵潜能。佛陀 16 岁的时候，在父母催促下结婚生子。

但是，人算不如天算。他 29 岁的时候，决定要见见他的人民。他偷偷地离开皇宫，一路上，遇到穷人、老人、病人和死人。多年来，他一直与痛苦的真相隔绝，因此当他面对这些冲击时，心中忐忑不安。他逃离了皇宫，前往南方。他遇到了几位修持苦行的人，他们鼓励他用严厉的方法修持出离心和苦行，让内心从世俗的牵绊中解脱。他们说，唯有这么做，才能从无尽内外冲突的习气中解脱。

但是，修持六年严厉的苦行之后，他觉得很沮丧，因为出离世间并没有得到他要的答案。他不惜忍受昔日修行同伴的嘲讽，决定放弃彻底出离世间的修持方式。他走到尼连禅河畔，洗了个舒服的澡，并接受了一名路过女士的食物供养。他渡过河，到了现在的菩提迦耶，坐在菩提树下，开始检视自心。他发现，人们不断地追逐事物，只带来短暂的快乐、平安和安全感。为了摆脱不断追求快乐而导致痛苦的困境，他决心要找到办法。

当他检视自心的时候，他发现：**真正的解脱并不是从生活中抽离，而是在生命所有的过程中置入更深、更多的觉知。**但是，他立刻想到，大概没有人会相信他的答案。根据传说，当时他接受了天人的劝请，并以对众生的难忍大悲，决定离开菩提迦耶，前往西边的古城瓦拉那西。他在城内的一块空地，也就是后来知名的鹿野苑，遇到了昔日苦行的同修。因为佛陀放弃了严厉的苦行，所以当他们一见到他，就想打发他走，但却不由自主地注意到佛陀散发出平静、知足的气息，超越了他们的成就。于是，他们都坐下来想听听他有什么话要说。佛陀讲述的内容，不但令他们折服，也很合乎逻辑。后来，这些听众成为他的第一批追随者，也就是弟子。

他在鹿野苑提纲挈领地开示“四圣谛”，内容很简单，直接分析人类习性的问题和解答。这套教法就是佛教历史上“三转法轮”的第一转。佛陀在游历整个古印度四十五年间，给大家的开示分为三个不同的阶段，也就是“三转法轮”，而“四圣谛”则教导弟子们如何循序渐进地“体验我们的自心本质”。

之后两次转法轮，都是以前一次的教义为基础，然后针对“体验我们的自心本质”，开示了比上一阶段更深、更敏锐的体悟。“四圣谛”是整个佛教传统与修持之道的核心。佛陀认为“四圣谛”很重要，所以，他针对不同对象开示了许多次。这些教导再加上佛陀晚年的教法，皆以文字集结的方式流传至今，也就是“佛经”。佛经是佛陀与弟子间实际交流的对话。

佛陀圆寂几个世纪之后，他的教法以口述的方式流传出去。当时有许多文盲，所以口述在当时是很普遍的形式。佛陀圆寂三四百年后，这些法教以巴利文记录下来。巴利文是书写的语言，被认为是最接近佛陀生活的时期的印度中部的方言。后来，又以梵文抄写下来。梵文是古印度最高级的书写文字。随着佛教传到亚洲，后来又传到西方，佛陀的法教又被翻译成了各种语言。

我们从翻译出来的佛经上看到，佛陀开示“四圣谛”时，并不是提出一套具体的信念和修持方法，而是把“四圣谛”当作个人的实用指南，帮助个人了解自己的生活、个人的基本状态、形成某个状态的原因、改变状态的可能性、改变的方法等。佛陀巧妙地应用传统印度医学的四个要点，建构他最初的教法：诊断问题、辨认根本病因、对病情进行预测，以及开立疗程的处方。

我们可以把“四圣谛”当作实用且循序渐进的方法，疗愈我们的“不正常”观点。这些观点把我们捆绑在期待和偏见所形成的现实中，使我们看不见自心本来就有的无限力量。

痛苦是生命的基本状态

身为人类，我们的痛苦来自得不到想要的及无法保有已经得到的。

——卡卢仁波切，《明光心：佛陀的行持》(*Luminous Mind:The Way of the Buddha*)

苦谛，是“四圣谛”的第一谛。几个世纪以来，佛经中关于苦谛的教导被翻译成多种语言。你会发现体验的基本要义被译为“有苦”，甚至是更简单的“苦”，这取决于你所读到的译本。

乍听“四圣谛”的第一谛，你会觉得很沮丧。许多人听了或读了之后，很容易产生排斥感，因为它太悲观了，“那群佛教徒老是在抱怨生命的痛苦，他们认为快乐的唯一方法就是放弃世俗，到山里禅修一整天，这样多无聊啊！我并不痛苦啊！我的日子过得很好”。

首先要知道佛法并非主张必须放弃家庭、工作、车子或其他财产，才能得到真正的自由。就像佛陀的一生，他尝试了严厉的苦修生活，但是那种方法无法带给他平静。

我们不能否认有些人的日子暂时过得很好，更有人过得好到不能再好了。我遇到过很多人，他们确实很满意自己的生活。我向他们问候时，他们的回答是："很好！"或"好极了！"当然，除非他们自己生病、失业，或孩子进入青春期，从讨人喜爱的快乐孩子，突然变成不想跟父母有瓜葛的忧郁焦躁的陌生人。这时候向他们问好，回答就会有点不同："除此之外，我都很好。"或"什么都好，就是……"

这就是第一谛的基本要义：生命具有"中断"的特性。在我们心满意足的时候，生命就会给我们一个大惊喜。这些惊喜往往出现在比较微细、比较容易忽略的一些生活经验中，比如是随着年龄而来的疼痛、在杂货店排队等得不耐烦，或者约会快迟到了，这些情况都可以说是痛苦的示现。

不过，我想这种广泛性的思考很难让人领会。第一谛的译文中，经常会用到"痛苦"这个词。这个词很沉重，大家第一次接触时，很容易认为它专指剧烈的痛苦或长期的苦难。

但是，佛经中使用的"苦"（藏文：dukkha，音"堵嘎"）的意义其实更接近现代比较常用的词，像是"不安""疾病""不舒服"和"不满"等的意义。有些佛教典籍用生动的例子详述它的意义，比如说，痛苦就像是塑陶的转盘卡住时所发出的尖锐声。另外有些释论的例子，说痛苦就像坐在一辆轮胎破损的车上，只要轮胎转到破洞处，整台车就会跟着颠簸。

“堵嘎”确实也表达了一种极端的情形，不过，佛陀、后世的佛教大德和实修大师提到这个名词时，所传达的意涵是“有些不太对劲”的感觉。比如说，要是情况不同，我的生活就会好一点；要是我们更年轻、更瘦、更有钱、谈恋爱或没谈恋爱等，我们就会比较快乐。痛苦的清单可以不停地开下去，因此，“堵嘎”也包括了各种不同的情况，从简单的瘙痒到剧烈的慢性疼痛和致命疾病。也许将来有更多语言和文化都能接受“堵嘎”这个词，就像接纳梵文的“业力”（karma）一词，如此一来，我们就能更宏观地了解经常被译为痛苦的“堵嘎”。

就像医生治病的第一步是辨认症状，同样地，了解“堵嘎”是生命的基本状态，就是远离不安或担心的第一步。其实，有些人光是听到第一谛，就能体验到自由的感觉。

跟随我很久的一位学生最近坦诚地告诉我，他在童年和青少年时期总觉得跟周围的人有疏离感。他觉得别人好像都知道该说什么、该做什么。他们都比他聪明，穿着的品位胜过他，而且也能自在地跟别人相处。他觉得每个人在出生时，都拿到了一本“快乐手册”，而不知什么原因，他漏掉了。

后来，他在大学选修东方哲学时，正好读到“四圣谛”，于是他整个看法开始转变。他发现自己不是唯一情绪不安的人。其实，自古以来，每个人都有同样尴尬和疏离的体验，于是，他放下了自己没拿到“快乐手册”的遗憾，继续做自己。但是，这不是说他什么都不用做，但至少他与外界相处的时候，不必再伪装自己很正常。他不再视自己是孤独的局外人，而是知道这是共同的问题，也就是说，当痛苦以特别的方式示现时，他比较有心理准备。就像我如果事先知道恐慌就在那里，我的痛苦就会减轻。

对于不安，要预先准备

你走在街上，准备跟朋友去吃晚饭。光是想到那些食物，就能抚慰辘辘饥肠。然而，就在前方的角落，天啊，居然有只狮子！

——罗伯特·萨伯斯基，《为什么斑马不会溃疡》（*Why Zebras Don't Get Ulcers*）

第一谛的基本功课，是提醒自己随时体验到的不安或不舒服的感觉。由于这基本的道理常被译成生硬的文字，我想用现代人能了解的方法来表达。

下面是我最近到北美巡回讲学碰到的例子。有一天黄昏，我利用讲学的空当到附近的公园散步。散步的时候，我进行一种“思维实验”。这是古代哲学家运用的一种想象力练习，现代科学家也用来辅助对于实相本质的了解。

当然，有些人已经蛮熟悉一些历史上知名的“思维实验”，像是爱因斯坦的实验结果——“相对论”。他的论点是：时空与现实并不一致，随着移动者方位和速度的不同，经验则有所不同。当时虽然没有足够的科学仪器能够证实爱因斯坦的理论，但是近期科学的发展已经证明了他的见解是正确的。

我自己的“思维实验”跟动态物理法则没有关联，而是关于情绪的精神层面。我会想象自己穿过公园或森林这样树木茂盛的地方时会是什么样子。我可能在想心事或自哼自唱地听着随身听。这时，如果有人搞恶作剧，故意乔装成一只熊，突然从树木或房子后面跳出来，我的反应会如何呢？我会心跳加速、汗毛直竖、全身起鸡皮疙瘩，还有可能尖叫。

可是，如果有人预先警告我，我就不会受到惊吓，甚至还有可能反过来吓唬搞恶作剧的人，就在他跳出来吓我之前，我就先跳出去朝他尖叫。

同样地，如果我们了解痛苦是生命的基本情况，人生的路上碰到各种不安之前，我们就能预先做好准备。培养这样的认知，有点像绘制旅游路线图。有地图，就会知道自己的方位；没有地图，就很容易迷路。

什么是自然的痛苦与自己造作的痛苦

此生故彼生。

——玛丽亚·蒙特那果译，*Sālistubhasūtra*

我前面提到痛苦的运作有许多不同层面。我曾经学到，为了面对不同的痛苦，辨别它们的不同是很重要的。其中之一，也是最关键的是辨别我们经常提到的“自然的”痛苦，以及我学到的“自己造作的”痛苦。

痛苦的四条大河

自然的痛苦包含了生命中不可避免的一切现象。在佛教典籍中，不可避免的经验，通常指的是“痛苦四大河”，分别是生、老、病、死。这是生命中的变化，所有生命体的共同经验。

在私下或上课的时候，有人问我，为什么“出生”是痛苦的呢？他们说：“新生命的开始，应该是很快乐的啊！”我们一般会认为新的开始总是个契机。

要知道出生被认为痛苦是有原因的。一个新生命从子宫（或卵）的保护环境，进入更开阔的世界，这个转变对感官而言是很痛苦的转变。不只是佛教家，许多心理学、科学和保健领域的专家也都这么认为。我们大多不记得这个最早的剧烈转变。但是，被迫离开密闭的保护环境，显然在新生儿的脑和身体，烙下了深刻的印象。

再者，从出生的那一刻起，我们就无法抵御另外三条痛苦的大河。一出生，“身体的时钟”就开始嘀嗒作响，我们就逐渐变老。当然，我们小时候多半很期待长大，像我就是迫不及待想长大。我不喜欢被大人管东管西，我等不及想要自己做决定。当然，我现在知道做决定的时候要小心谨慎，因为其结果会影响我周遭的人。随着每一年的流逝，我开始明显感觉老化对身体的影响。现在我的关节比以前僵硬，也比较容易疲劳和怕冷。我必须更注重运动。

在生命的历程中，我们很容易受到各种疾病的影响，这就是痛苦的第三条大河。有些人容易感染过敏及其他长期疾病，有些人死于重大疾病，例如癌症或艾滋病，有些人长年受到慢性病痛的折磨。过去这些年，我遇到许多人，他们自己受苦，或他们的朋友、挚爱得了严重的精神疾病，像是抑郁症、躁郁症、毒瘾或精神错乱。

痛苦的四大河流的最后一个是死亡，通常是指意识与身体分离的过程。西藏有一部典籍叫《中阴救度法》(*Bardo Thodol*)，也就是《西藏死亡书》。不过，更正确的翻译是《闻即解脱》(*Liberation Through Hearing*)，详述了身心分离的过程。

从各方面来说，死亡是出生的逆转，它切断了身体、心理和情绪等连接。出生，是以特定方式“披上”身体、心理与情绪的襁褓；死亡，则是脱掉我们熟悉的所有身心元素。《中阴救度法》经常是由有修为的佛教大师大声对临终者念诵的，这个方法跟基督教的传统非常相似。他们是由牧师主持仪式，在这个令人恐惧的转变时刻，协助临终者得到内心的安慰。

随着我年岁的增长，还有旅行到更多的地方，我开始发现，自然的痛苦涵盖的范围远超过传统佛典中所列举的项目。地震、水灾、台风、火灾和海啸，发生得愈来愈频繁，造成人类生命的浩劫。过去十年来，我也从新闻上得知，孩子们在高中和大学的教室犯罪，因此造成了许多凶杀悲剧。最近大家开始更坦白地谈到无预警的失业、失去家庭、失恋，弄得他们的生活一塌糊涂。

自己造作的痛苦是自心的产物

对于这些无法掌控的事件，我们束手无策。还有另一种痛苦、不安或“堵嘎”，那就是我们的心围绕着人、事、物，因而产生了无止境的各种想法。

我的父亲和其他老师帮助我去了解，这类痛苦是“自己造作”而来的：这类体验，是从我们对处境与事件的诠释衍生而来的，像是我们看不惯别人的行为而暴怒或积怨，或别人拥有我们没有的事物而心生嫉妒，以及没有恐惧的理由却陷在焦虑之中。

“自己造作的痛苦”会编故事给自己听，它通常深植在我们的潜意识里，像是觉得自己不够好、不够有钱、不够有魅力或其他不安全感。在全球讲学的这些年来，我发觉，“自己造作的痛苦”最出人意料的是，跟外表有关。有一些人告诉我，他们的鼻子太大或下巴太小，所以觉得不自在。他们太在意自己，并觉得每个人都在注视他们的大鼻子或小下巴。即便他们已经用整形解决了问题，他们还是怀疑手术是否成功，他们不断照镜子，并且通过别人的反应，持续地验收手术的成果。

最近我遇到一位女士，她深信自己两边颧骨的大小不同。我是看不出来，但她很确定两边真的不一样，所以，她认为别人一定觉得她很丑，我记得她是用“畸形”形容她自己的。每次照镜子时，她就更确信自己长得很“畸形”，她也认定别人都注意到了。她很在意别人的反应，而且十分确定别人把她当怪物。她变得很害羞，不跟别人接触，工作表现下滑，因为她很害怕且没有安全感。直到有一天，她实际去测量镜中颧骨的尺寸，这才发现两边大小不超过0.4厘米。她开始明白“畸形”，还有这些年的沮丧、恐惧和厌恶自己，其实是她自心的造作。

基本上，自己造作的痛苦是自心的产物，就像我的焦虑，但它强烈的程度并不亚于自然的痛苦。其实，它有过之而无不及。我清楚地记得在印度认识了一位僧侣，他的朋友被诊断出腿部有癌症，后来进行了截肢手术。不久之后，这位僧侣也开始觉得他的腿痛得不能动。他被送到医院进行各种检查，可是，并没有查出任何毛病。

他看完检验报告，还是觉得腿很痛，后来，他的医生开始朝不同的病因做检查。医生问他腿疼发作之前，发生了什么事情吗？后来了解了他疼痛发作的时间在他朋友的手术之后。

医生沉思并点点头，接着问他，看到朋友生病时，心里有什么感觉？这位僧侣坦承自己很害怕，而且开始想象如果是自己的腿被切除，那会有多痛。还有切除后要面对的困难，像是要学着用拐杖走路和去做本来视为理所当然的各种活动。这位医生并未向他提及“疑病症”，可是非常温和地引导他说出内心造作的不同情境，一直到僧侣了解自己对疼痛的极度恐惧，以及对恐惧的恐惧，原来带来了这么大的影响。

就在他吐露内心感受的同时，他觉得腿上的症状逐渐消失了，隔天，他走出医院，没有任何的疼痛，最重要的是，对疼痛的恐惧也不见了。

痛苦是存在的

成为领导者，绝对不要成为统治者（长而不宰）。

——老子，《老子》第十章

这位医生诊断僧侣的方法，呼应了佛陀在第一谛的巧妙开示。佛陀并没有对听众说“你在受苦”或“人们在受苦”，甚至没有说“所有众生都在受苦”，他只是说“痛苦是存在的”。他让大家去深思这个开示，而不是直接提出大家已经理解并认同为自身生命特质的结论。佛陀的表达就好像在说“空气是存在的”或“云是存在的”，他通过不可否认的简单例子开示痛苦，但并不针对个人。

我接触过的心理学家们都认为，用“非心理恐吓”方式能更有效地引出第一谛，帮助我们认识痛苦的本质，更客观地看待痛苦的各种示现。与其被念头套住，像“为什么我这么寂寞”“这不公平”“我不要这种感觉”“我要如何摆脱呢”这一连串的想法，导致我们去批判自我和周遭的情况，或是抵抗或压抑我们的体验。其实，我们可以退一步去观察“寂寞的存在”“焦虑的存在”或“恐惧的存在”。

以不偏不倚的态度面对不安，其实类似我父亲的教导。每当我试图要禅修时，我就会散乱，所以父亲教导我，只要看着散乱就行了。他说：“不要判断，不要企图摆脱它，只要看着它。”当然，我这么做的时候，干扰我的事物几乎立刻消失了。当我向父亲报告这个状况时，他笑着说：“噢！很好。现在你懂了吧！”

其实我还不懂，至少当时我并不懂。关于痛苦的本质，我还有待学习。

认识痛苦的苦（苦苦）

病苦、恶毒的闲言闲语等，都是“苦苦”。

——蒋贡·康楚仁波切，《了义炬》(*The Torch of Certainty*)

“痛苦”这个词涵盖的范围很广，因此，追随佛陀的许多大师在传扬第一谛的教法时，将各种痛苦分成三种基本类别：

第一种，是“苦苦”。简要地说，就是立即直接体验到的各种痛苦和不适。有一个很简单的例子可以说明“苦苦”，就是不小心割伤手指所感受到的疼痛。这也包括与疾病相关的大大小小的疼痛，从头痛、鼻塞、喉咙痛，到长期或致命疾病引起的更剧烈的疼痛。随着年龄的增长，像关节炎、风湿病、四肢无力和呼吸困难等的不舒服，也可视为“苦苦”的示现。车祸或自然灾难的痛苦，像骨折、严重灼伤或五脏六腑的内伤，也属于这个范畴。

以上的例子，如果根据之前的定义，多半都属于“自然的痛苦”。不过，跟疼痛和不舒服有关的“苦苦”，也会延伸至“自己造作的痛苦”的心理与精神层面。

我的童年都笼罩在恐惧和焦虑中，虽然不见得有什么缘由，感觉却很直接。其他剧烈的情绪，像生气、嫉妒、难堪、别人说不好听的话、以不好的行为伤害我们，或失去挚爱造成的伤痛，这些强烈经验也都是“苦苦”。此外也包括沮丧、寂寞和自卑等这一类比较持久的烦恼。

苦苦不见得是极端或持续的，有可能是很简单的。例如不久前，有一位女士告诉我，有一天她利用午餐时间从公司跑到银行办事，结果出纳柜台大排长龙。她告诉我：“我很想大叫，因为我还要赶回公司参加重要会议。当然我没有大叫，那不是我会做的事情，可是，我拿出会议的简报开始阅读，我浏览整份资料，一边看手表，一边看资料，但队伍好像丝毫没有前进。我真不敢相信自己居然对排在前面的人和柜台人员这么生气。那位出纳人员真的很好，面对难缠的客户仍然很努力地保持耐心。我现在对当时的状况可以一笑置之，但当时我回到办公室时，我还是很生气，我来不及吃午饭，一直到会议结束后，我的气才消，然后我冲出去买了个三明治回来。”

认识变化的苦（坏苦）

抛开对世俗活动的关切。

——第九世噶玛巴，《大手印：了义海》（*Mahamudra:The Ocean of Definitive Meaning*）

第二种苦，就我听过的解释，是一种更细微的痛苦。“坏苦”通常是说从某个对象或某种情况所得到的满足、舒适、安全和愉悦，必然会改变。举例来说，如果你有新车、电视，或最新配置的电脑，你刚拥有的那段时间，开心得不得了。你爱极了车子行进时的平稳，交通标志从红灯转为绿灯的那一刹那，你极速地向前冲。寒冬的清晨，只要轻按开关，车辆座椅就会自动加温。全新平面电视的画面非常清楚明亮，清晰度令人惊讶，你从画面上看到以前从未注意到的细节。你的新电脑以惊人的速度，同时运行十个程序。但不久后，这些东西渐渐退出流行了。车子坏了，别人买了一台屏幕更大、更清晰的电视，电脑主机或新机种上市，有更多特点，功能也更强大。你心想：“早知道就应该晚一点买。”

让你快乐的也许不是物品，而是情境。就像当你坠入爱河时，整个天空都是彩虹，你一想起对方，就掩不住脸上的笑容。或者当你找到新工作或得到晋升时，你觉得现在的同事人很好，你的收入总算足以支付贷款，也许还能买新房子，或终于可以存点钱了。但不久之后，光彩还是会消退，不就是这样吗？几个月前你觉得对方很完美，现在却渐渐看到对方的缺点。新工作需要超乎预期的时间和精力。薪水呢，其实并不如想象中那么高，缴完税，一旦开始偿还贷款，实际上没剩多少可以存下来。

这个解释很接近“坏苦”，但错失了坏苦的重点。当新鲜感逐渐消失或情况开始转变时，心中的不满或失望其实是“苦苦”。更正确的说法是，坏苦来自贪着心想事成带来的快乐，比如人际关系融洽、工作顺利、考试有好成绩或得到光鲜亮丽的新车。

不幸的是，来自外在的快乐本来就是短暂的。一旦快乐消退，我们回到“正常”状态的时候，似乎就难以忍受，所以我们开始寻觅另一段人际关系、另一份工作或另一件物品等。我们一再地想从外物与外境中找到快乐、舒适和慰藉，但这些都无法满足我们高度的希望和期待。

坏苦可以看成一种“瘾”，无止境地追寻无法达到的持续“巅峰状态”。与我交谈过的神经学家说，其实“巅峰状态”的感觉单纯来自我们的期待，并结合了多巴胺的分泌物（这是一种负责制造快乐和其他感觉的脑部化学物质）。一段时间之后，为了刺激多巴胺分泌，我们的脑部和身体会刻意重复一些行为，我们对“期望”上瘾了。

藏传佛教典籍将这种瘾称为“舌舔刀刃上的蜜”。一开始尝到甜味，但实际上是在伤害自己。我们从外在事物寻求满足，反而强化了内心深处往往不愿承认的信念，也就是我们是不完整的，所以需要身外之物才能感到完整、安全和稳定。关于“坏苦”的最佳说法就是：我们认为自己需要附带其他事物。只要拥有这个或那个，我就会很好。我的工作很吃力，但至少我有很好的人际关系、健康的身体、靓丽的外表或美满的家庭。

认识普遍的苦（行苦）

掌心上有一根毛，如果这根毛跑到眼睛里，我们就会不舒服和痛苦。

——《俱舍论释》（*Rajaputra Yashomitra*）

苦苦和坏苦，以及“自然的苦”和“自己造作的苦”的基础，就是“行苦”。行苦不是一种明显的痛苦，也不像坏苦那种找寻快乐的瘾。它是一种根本的不安，是潜意识里一种持续的渴望。

我们可以这么看“行苦”：我们舒服地坐在椅子上开会、听演讲或看电视，但不管椅子有多舒服，你有时就是想要动一动，你想要调整背部的姿势或伸展双腿，这就是行苦。你已经处在最舒服的环境，但总是隐约被不舒服的感觉拉扯，而且在你耳边说：“我觉得不太对劲。如果事情变得……我就会更好。”

那个渴望、不满足的微细痛苦，是从何而来的呢？简单地说，是因为我们经验的每样事物一直在改变，无论是周遭的世界，还是我们的身体、想法和感觉，甚至是我们对自己的看法和感觉。因缘不停地交互影响，产生了特定的结果，这个结果又成了因缘，接着又产生了其他的结果。佛教将这种持续的改变称为“无常”。佛陀在许多教导中，把这个变动比喻为河流的微细变化。远观时，你很难看出河流每一刹那的变化，只有当我们走到河岸，真正仔细地看，才能看到波浪的微细变化，看到河里的沙子、淤泥和杂质的变动，以及鱼类和其他生物的活动。我们开始懂得欣赏每一刹那不可思议的变化。

无常发生在许多层面，有些是显而易见的。例如你某天早晨醒来，发现马路旁的空地变成了繁忙的工地，工人正在挖地基、灌水泥、竖立大楼钢梁等，吵得不得了。一段时间之后，大楼的骨架搭好了，来了一组人忙着安装水管、瓦斯管，忙着接电线。接着，又有一批人负责安装门、窗户，或者再做点园艺，种些花草树木。最后，空地变成大楼，全是来来往往的人。

在佛法中，这种明显的改变，被称为“明显持续的无常”。当我们看到空地的改变时，我们也许不太喜欢这栋新大楼，因为它挡住了视线，而且如果是商业大楼的话，大楼前面会有愈来愈多的车子，让我们很生气。但是，我们对于这个变化并不惊讶。

在季节交替时，有些地方也看得到“明显持续的无常”。一年之中有好几个月很冷，白雪覆盖了大地；几个月后，树木长出新芽，提前绽放的花朵布满大地；不久之后，新芽长成树叶，原野和花园霎时长满各种花草树木；秋天来临时，花朵枯萎，树叶转成红、黄或橘；冬季降临时，空气转凉，花朵、树叶都消失了，有时会下雪，有时冰雪好像玻璃般地把树木覆盖了。

“明显持续的无常”的相貌很容易见到，这其实是从另一种持续的变化而来的，也就是佛陀开示的“细微的无常”，“暗地里”发生的变化，因为发生在深层之处，所以，几乎让人察觉不到。

若要了解“细微的无常”的运作，我们可以审视自己对时间的看法。一般来说，我们习惯将时间分成三类：过去、现在和未来。

如果以年来划分，就是去年、今年和明年。但是，去年已经消逝，明年还未到来。基本上，这就是我们对于时间的概念和想法。

那么，我们来看看“今年”。年是由“月”组成的，对吧？不过，这种计算方式我有点不确定，西洋历法是 12 个月，可是，西藏历法有时候会多一个月，一共是 13 个月。我们就以西洋历法来计算好了。假设现在是第六个月的中旬。一年的 6 个月已经过去，另外 6 个月还没来到，所谓的现在，已经从“今年”缩小为“这个月”。但是，月又是由固定的天数组成的。在西洋历法中，通常以 30 天或 31 天计算。如果现在是 6 月 15 日，6 月已经过了一半，还有另一半未到来，那么所谓的现在就是“天”。但是，天又是由 24 小时组成的，如果现在是中午，一天的一半已经过去，另一半也还没到。

我们可以不断把时间单位切分得愈来愈小——一小时有 60 分钟，一分钟有 60 秒，一秒有 1000 毫秒，不断切分为科学家能计算的单位。这些小单位时间一直从我们身边流逝。在不知不觉中，未来变成现在，现在成为过去。我曾听过一些神经学家说，现在已经能以半秒来计算了，他们称为“注意力的瞬间”——从“感知器官记录到视觉的刺激”到“信息送到脑部”的瞬间，以及“我们有意识地认出这些信息”到“统合成短期记忆”[①] 的瞬间。我们还来不及记录这个“现在”的想法时，它已经成为“过去”了。

不管我们有多么渴望，也无法停止时间或阻止它带来的改变。

---

① 详见《精神训练如何影响脑部有限资源的分配》(Mental Training Affects Distribution of Limited Brain Resources)，H. A. Sleeger, et al, *PLOS Biology*, June 2007, vol. 5 no. 6, e138。

我们不能将生命“倒转”回过去，也无法“快进”到未来。但是，我们可以学习接受无常，跟无常交朋友，甚至把“变化”看作是身心的保镖。

观察呼吸的变化

生命，在呼吸之间。

——索甲仁波切，《西藏生死书》（*The Tibetan Book of Living and Dying*）

有些人仅仅是思维“第一谛”的教导，就能了解“无常”。但对有些人来说，就不是那么容易懂了。他们对“无常”的认识仅止于概念，也认为它是神秘而抽象的。幸好佛陀和追随他的大师们，提出了一些直接且没有压力的简单练习，帮助我们触及变化的细微层面。最简单的方法，在任何时间、地点都可以练习，就是呼吸的时候，去注意身体的变化。

一开始，挺直后背，让身体放松地坐着。如果你觉得躺下来比较舒服，你也可以躺下。你的眼睛张开或闭着都可以（如果你在开车或走路，我就不建议你闭上眼睛）。鼻子自然地吸气和吐气。呼吸时，轻轻地注意到身体的变化，尤其是肺部的扩张和收缩，以及腹部的起伏。不用担心非要专心一意地刻意去想“我要看着呼吸，我要看着呼吸”。只要在吸气、吐气时，单纯地让心安住在变动的赤裸觉性中。练习过程中，如果你发现自己漫不经心，也不用担心——那只不过是另一种“无常”的教导。如果你发现自己在回想昨天的事，或做跟明天有关的白日梦，就柔和地将注意力带回呼吸时的身体变化，继续这个练习一分钟。

时间到的时候，回顾你察觉到的身体的那些变化。不要评断你的体验，或试图诠释它，你只要回顾察觉到了什么。除了腹部的起伏，还有肺的扩张和收缩，你可能还察觉到了其他现象。你也许比较注意进出鼻孔的呼吸，这是可以的。你可能察觉到许多不同的念头、感觉、感官知觉或自己的分心，这非常好。为什么呢？因为你在这段时间内观察持续的微细变动，而不去抗拒它。

如果你每天持续练习一次或多次，你会发现自己开始能够觉察到更多愈来愈细微的变化。“无常”渐渐会变成你的朋友，不再让你心烦或抗拒。练习一段时间后，你会发现自己能够将觉性融入其他的状况——工作，或在杂货店、银行排队时，甚至是吃午饭和晚饭的时候。只要把你自己带回呼吸，就是全然地与当下契合，这也是帮助你察觉内心与周遭微细变化的有效方法。你会更看清事物，并以更开放、平衡的心处理事情。不管烦恼的念头或感觉何时发生，或者你被突然变成活人的蜡像吓到，这些现象都在提醒我们：“无常”就是这样。

前面我们说过“四圣谛”的教导不针对“个人”，为什么这里说的又好像是针对个人的状况呢？要回答这个问题，我们必须了解“四圣谛”的第二谛。

| 第三章 |

观点的力量

如果不守护放逸的心，就不可能持守自己的学习（若不护此心，不能护学处）。

——寂天菩萨，《入菩萨行论》

几年前，我走在印度街上，那里有许多铺着石子的马路。有一天，我赶着出门来不及穿鞋，我很快就后悔了。因为赤脚走在石子路上，实在不太舒服。这件事发生不久后，我遇到一位印度医生，跟他提起了这件事。

“这样很好啊！”他说。

我问他：“为什么呢？”他解释，根据许多古代医学研究，在脚底施压会刺激身体器官和系统的运作，促进全身健康。对脚底反射疗法有点认识的人就知道它的好处，但我从来不知道。医生解释了之后，我比以前更常打赤脚。意外的是，我不但没有觉得不舒服，反而开始喜欢赤脚踩在石子上。

为什么呢？

石头没有改变，我的脚也没有改变，我走路的姿势也没有改变。

我发现，唯一改变的是我的观点。以前，我认为走在石头上脚会痛，可是，当医生提出不同观点时，这不同的观点就转变了我的经验。

观点会影响人的体验

我们经验事物的方式，仅仅是自心的展现。

——卡塔仁波切，《冈波巴的教导》（*The Instructions of Gampopa*）

我将改变观点的基本方法，运用在面对童年时代困扰我的念头和情绪上，但我并没有真正运用在面对种种身体不适的情况上。当我发觉自己是如此根深蒂固地执着身体是“我”的时候，我大吃一惊。

这对我是一堂重要的课，影响了我对困难和不舒服的看法。如果一开始我并不觉得不舒服，或向它屈服，或以一般方式处理，例如每次离开房间都刻意记得穿上凉鞋，那么我就无法领会习性微细的一面。

在那之后，我更珍惜痛苦和不舒服，因为每次体验都是迈向更深刻领悟的种子，更好认识自心的机会，我更用心观察我对自己的看法，甚至是我所不知道的周遭环境。

我并不是建议各位一碰到问题、生气和不舒服，就戴上佛法侦测帽，然后开始在心里盘算："这时候要用什么观点呢？为什么我不懂呢？噢，原来如此，我现在要换个新方法。"这样只是暗地里想摆脱不安的情况，最后反而会加深习气——把困难看成需要降伏的敌人，或需要安抚的老板。

禅修的真正步骤是：单纯地保持原状，然后直接看着它。用这种方法面对体验，自然就会跟它保持一点间隙，更能宏观看到整体情况。如果"心"能够观察"体验"，理论上，"心"就大于"体验"。认出"心"与"体验"是分开的那个刹那，你可能瞥见自心的宏伟，就像我父亲和其他老师开示的那样，你会了解：每一刹那的体验，只不过是无垠海洋中的一朵浪花，生起并消退，从未离开无限的广阔。

这个瞥见，也是帮助我们了解"第二谛"的基础，第二谛"集谛"通常译为痛苦的"根源"或"原因"。我们一般习惯认为外境是痛苦的原因，根据第二谛的教导，痛苦的因并不是建立在事件或环境上，而是我们如何理解和诠释自己的体验。

有一个著名的例子证明了观点会影响人们的体验，这是某个东方宗教的虔诚信徒的修持方法：深受痛苦的人会点燃自己的手指，他们感到供养身体所带来的喜悦，减轻了痛苦。

一般来说，大家不喜欢身体被揉捏和挤压，尤其是特别僵硬的部位。可是，大家会付钱去按摩，希望推拿和指压可以舒缓疼痛，让自己感觉好过一点，他们会跟痛苦预约时间。

我最近听到一个故事，有一位女士跟朋友走在路上，走着走着，她的袜子在鞋子里揪成一团，她觉得很难受。"停一下！"她大吼，"我要整理一下袜子，真痛啊！"她正要去找脚底按摩师，讽刺的是，到了那里，她跟按摩师说：“用力一点！你的服务一定要物超所值。”

我觉得这位女士很有趣。不久前她觉得脚被袜子硌得很不舒服，半小时之后，她却要求按摩师在脚底加重力道。同样的情形，因为不同的诠释和期望，反应居然如此极端。这些诠释是从哪里来的呢？为什么如此强烈地影响我们呢？

所有的分别基本上都是相对的

我们习惯去评估眼睛见到的显相。

——堪千·创古仁波切，《第九世噶玛巴之了义海》（*The Ninth Karmapa's Ocean of Defintive Meaning*）

在生活中，我们主要依赖自己的能力去辨别事物。有些辨别很直接，像是左和右、高和矮、喧哗和安静、手和脚、日和夜。有些事物需要更多的辨别力，像是这个水果是熟过了，还是不够熟？这个价格合不合理，还是另一家店更便宜？有些事情要更加深思熟虑，我就发现，为人父母的都会质疑自己对孩子的管教，是太严厉还是太放纵。另外也有人为跟伴侣发火或拌嘴而担忧：我今天心情不好，或压根儿就是彼此意见不合，所以我就放任自己的言行吗？我也听过有人在职场碰到类似情形，他们向别人咨询：我对他的批评会不会太无情了？我会不会因工作太认真而抽不出时间给自己和家人？

重要的是，请记住：所有的分别基本上都是相对的——念头、批评和感觉都是从比较而来的。

举个简单的例子，把四寸高的玻璃杯放在六寸高的玻璃杯旁边，四寸的就比六寸的矮。但如果把六寸高的玻璃杯，放在八寸高的玻璃杯旁，之前比较“高”的那一个，现在就变“矮”了。同样地，有右边才有所谓的左边，有夜晚才有所谓的白天，有温暖才有所谓的寒冷。这堂简短的课，就是佛法经常提到的“相对实相”：以不同的对比去界定体验。

许多科学家跟我说过，辨别力逐渐发展为生存工具，它的好处是能分辨植物和水果中哪些有毒，哪些有营养。辨别力也帮助我们区分哪些东西可以吃，哪些东西可能会吃掉我们。

人类产生辨别力的过程很复杂，我们可以从生物学和心理学的角度来了解。光是从生物学的观点来看，任何感知的行为都需要三个基本要素。首先是感知的器官，如眼睛、耳朵、鼻子、舌头和皮肤；其次是感知的对境，例如花朵；再次是处理并反应感知器官接收信息的能力。感知器官、脑部主要由神经元组成。人脑由上亿个神经元组成，其中有许多与学习、记忆和情绪有关的架构，各个架构之间的互动非常复杂。

假设我们看到一朵“红色”玫瑰花，这朵花就是对境，科学术语称为“刺激”。看着玫瑰花时，眼里的细胞会先注意到它是由上圆下尖的红色物质组成，并连在一根绿色、细长、略圆且有深色的尖锐突起物上。这个影像是从视神经——由形状类似纤维或粗线状的细胞群组成——将眼睛接收的视觉信息传送到视觉脑皮层。它位于脑部，负责组织视觉感官接收刺激。

在接收到视觉的刺激之后，视觉脑皮层传送“实时信息”到脑部的“丘脑”，即靠近脑部正中央的一群细胞。来自感官的信息在此处进行“解码”后，再送往脑部其他区域。“丘脑”这个名词很有趣，古希腊语的意思是“卧室”——进行私下谈话的场所。

一旦视觉脑皮层的信息送到丘脑，接着就被送往许多的地方。其中一套送到边缘系统，它在脑部的表层，主要负责辨别痛苦与快乐，决定情绪的反应，并提供学习和记忆的基础。

脑部边缘系统有两个重要构造，主要用来解读这些信息和记忆。其中一个构造是脑杏仁核，这是一群小杏仁状的神经元，决定体验的情绪。举例来说，如果你被“深色尖锐的东西”刺到，你很可能对“由一群红色物质组成的东西”产生“坏的”或“讨厌的”感觉。另一个构造是海马回，有点像是空间和短期记忆的储藏室。它提供体验的背景和意义，帮助我们记忆，比如说，我们第一次是在何时何地看到了玫瑰。

同时，汇集在丘脑卧室的私密对话，被传送到“脑新皮质”。它位于脑部最外层，神经学家普遍认为这个部位主要执行分析的功能，让我们开始学习命名、辨别形状和形成概念，就像我们把“一群红色物质组成的东西”命名为“玫瑰”。“脑新皮质”也负责边缘部位的记忆控制和情绪反应，并平衡高低的差异。

虽然描述了这么多，但由数千个细胞组成的器官，与脑内各种神经元架构的沟通，比一弹指还要短。脑几乎是立即反应并刺激化学物质的释放，例如皮质醇、肾上腺素、多巴胺和脑内啡等，让它们在体内流动，加速或减缓心跳，转换情绪。同时，感知器官、脑部构造、身体重要器官和体内的腺等的一连串连接，是实时通信的网状系统，用简单的方式制造内在的玫瑰“图像”。

换句话说，我们并没有真正看到玫瑰，而是产生了“玫瑰”的概念。这个概念通常受到许多因素的影响，包括一开始经验到“玫瑰”时的周遭环境、储存在脑部不同部位的记忆和预期，以及根据日后不同的体验做的修正，还有，最重要的是区分出体验者（我）与体验的对境（玫瑰）。

我们把实体的“我”本能地与外境分开，像是玫瑰在我们内心的影像，是由各种神经元构造与其他身体系统的互动所产生的。小时候，这个影像可能很模糊，然而，随着我们年龄的增长，内化的“我”与“不是我”的区别更为明显了。同样地，还会出现“愉快”和“不愉快”、“想要”和“不想要”的区别。我们也会区隔出“模糊”地带，因为我们还没有决定要如何与体验做连接。这就像有些人会把档案、文件、照片和其他物品归纳到不同盒子，同样地，我们也会将体验归纳在概念的“盒子”里。

我跟受过各种科学训练的一些人谈到这个议题时，他们对盒子出现的方式、时间和原因众说纷纭。不过，在现代思想学说中，似乎有一些共识：当婴儿脱离母胎开始独自生活，并面对完全无法预知的内外环境时，“我”的盒子就形成了。

在婴儿时期，我们受到对舒适，特别是对温饱需求的驱使，以及对饥饿、寒冷或尿湿等不舒适的抗拒。我们有时候觉得很舒服，有时候并不是这样。“我”的盒子也许还不是非常坚实，只能用哭泣、打嗝或微笑来表达，但是，对于愉快和不愉快的本能反应，可能是婴儿去定义“我”“不是我”，以及“好”“坏”和其他盒子的方式。

下一个阶段是许多家长认为的“两岁叛逆期”，也就是孩子通过“不要”表达他们的独立性。在这个阶段，不同的盒子更为坚实和确定，其他潜藏的盒子也开始启动了。

痛苦其实源自你的执着

一开始，先是有“我”的想法，接着就对“我”产生执着；然后，有了“我的”的想法，之后就对“事物”产生执着（最初说我而执我，次言我所则着法）。

——月称菩萨，《入中论》（*Introduction to the Middle*）

早在西方科学发展的几个世纪之前，佛陀就已经知道痛苦来自心，即所谓的“观察者的眼睛”。虽然佛陀的阐述与现代的生物学家、神经学家与心理学家的不同，但是洞见是相似的。

根据佛陀开示“第二谛”（集谛）的早期文字记载，“堵嘎”（藏文：dukkha），也就是痛苦，是由基本的心理状态引起的。用巴利文表示则是“坦哈”（tanha），也就是渴望的意思。将早期的巴利文文字记录翻译成梵文的弟子们解释道，痛苦的原因就是渴望，也就是梵文“崔虚那”（trishna）。佛法传到西藏后则被译为藏文“紧巴”（dzinpa），也就是贪执。

每一种文字都有不同的表达方式，这几个名词都传达了对恒常和稳定的基本渴望，或从另一个角度来说，都试图否定和忽视“无常”。这些渴望最基本的根源，就是佛教典籍中经常提到的“无明”，也就是习惯误将“自己”“他人”，“主体”“对境”，“好”“坏”和其他相对特性当成是独立的和固有的存在。简单地说，“无明”就是把瓶子上的辣椒酱标签当作辣椒酱。

认为人、事、物本来就是坚实的这种观点，来自两种强度相当的欲望。首先是一般所说的“贪欲”，就是渴望获得或保有让我们愉悦的一切事物。其次是“嗔恨”，这与贪欲意思相反，就是躲避或除掉我们界定为不愉悦的事物。

贪欲、嗔恨和无明三者（传统上叫贪、嗔、痴），就是佛法典籍中提到的“三毒”，是根植在心中的习气，把我们的心遮蔽或“毒害”。这三毒会产生其他数不清的心态和情绪，例如傲慢、焦躁、自卑或厌恶自己。当同事得到我们自认应得的晋升时，我们嫉妒；面对生病或年老的父母，我们感到哽咽和绝望。有些佛教教法提到这些心态和情绪就是“烦恼”和“障碍”，因为它们限制了我们诠释体验的方式，接着抑制了思考、感觉和行动的潜能。我们一旦形成“我”和“不是我”的观念之后，接着就把体验连接上“我的东西”和“不是我的东西”、“我拥有的事物”和“我没有的事物”、“我想要的事物”和“我不想要的事物”。

想象一下，如果你开着一辆破车上路的时候，正好有一辆名贵的新车经过，可能是奔驰或劳斯莱斯，那辆车不久前才在车祸中被撞了个凹痕。你有点同情那位车主，但你未必会在乎那辆车。几个月后，你打算换车，你来到二手车行，车行里有一辆物超所值的奔驰或劳斯莱斯。那辆车其实就是几个月前你在路上看到的，在你买下它之前，你对它一点也不在意。不过，现在车子是“你的”了，就在开车回家的路上，突然有颗小石头击中了挡风玻璃。天啊！“我的”车毁了，“我”得花钱修理。

这是几个月前你看到的那部有凹痕的车，之前你开车经过时没什么感觉。可是，现在这辆车是“你的”了，如果挡风玻璃裂开，你就会生气、失望，也许还有点害怕呢！

为什么不就此停止这种分别心呢？为什么不就此放下三毒和它

们所产生的东西呢？当然，如果这么简单的话，这句话说完之前，我们就都成佛了。

根据佛陀的开示和佛教大师的释论，三毒和三毒引起的其他内心的习性与情绪，并不是痛苦的原因。痛苦其实源自你对它们的“执着”，这种说法最接近藏文“紧巴”（dzinpa）的基本含义。就像之前提到的，“紧巴”经常被解释为“贪执”（grasping），也有人译成“固着”（fixation）。我认为“固着”比较接近“紧巴”深层的含义，“紧巴”是试图将不断变动的时间和地点固定下来。

“那就像在捕杀蝴蝶嘛！”听到这里，我有一位学生嚷了起来。

我问她，这是什么意思呢？她说，有些人把捉蝴蝶当作嗜好。他们弄死蝴蝶，然后把它们钉在玻璃或塑料的展示盒上作为收藏品来欣赏，或跟朋友炫耀，这纯粹是一种消遣。

“这么美丽、细致的生命，”她忧伤地说，“应该在空中飞舞。如果不能飞，那就不是蝴蝶了，不是吗？”

她是对的。当我们执迷己见时，就丧失了飞翔的能力。

面对“自我概念”的执着

所有众生、宇宙万物，都是无常的。

——蒋贡·康楚仁波切，《了义炬》

几年前我在美国时，有一位年长的女士来看我，那次会面证实了一件事：强烈执着一套信念和观念，会导致剧烈的痛苦。当时，她一坐下来就哭了。

“没关系。”我告诉她，“等你静下来，再告诉我发生了什么事。”

过了一会儿，她情绪缓和了。她说：“我不要变老。每次照镜子，我都能看到脸上的皱纹。我讨厌皱纹，我恨死皱纹了。有一天，我把镜子摔碎了，只好又买了一面新的镜子。我后来照镜子又看到脸上的皱纹，我真的疯了。我既生气又沮丧，不知道该怎么办。”

我对于她爆发的情绪有点吃惊。我的祖母也有很多皱纹，但我觉得这些皱纹反而增添了她的美丽。祖母很和蔼温柔，充满智慧，而且永远面带微笑。我没有跟这位女士提起祖母，因为我知道有人深受痛苦时，最好别说：“这只是你的想法而已。如果你改变想法，感觉就会不同。”从前在我焦虑和恐惧的时候，如果我的老师对我说这样的话，我不觉得那对我有帮助，反而会助长我的寂寞和彷徨。在遭遇困难的当下，需要了解的是，自己所经历的困境，一切众生也都会经历：众生根深蒂固地渴望要生存、活着、成功，以及片刻的宁静。

我很感激父亲和老师们陪我一路走过学习历程。他们鼓励我：只要看着当下经历的一切——单纯地看着来来去去的念头、情绪、批评和感官知觉。这个方法非常实际地将修行者带入佛陀卓越的“四圣谛”教法。佛陀大可跳过第二谛（集谛），从第一个苦谛直接跳到第三个灭谛，但他开示了第二谛，为的是帮助我们了解此生各种难题的原因和状况。第二谛强调不只有我们单独在面对困境，所有众生也同样执着“我是谁、我是什么，我想要什么或需要什么、我不想要什么或不需要什么”的想法。

我运用老师教我的方法，开始跟因为皱纹而痛苦的这位女士谈

“无常”。我告诉她，这是每个人都会面临的基本状态。如果接受的话，就会了解这一生明显和细微的改变，都是有利益的。

“当你执着自己过去的样子，还有年轻时能做的事，”我告诉她，“你就看不见变老的好处。想想看，哪些事情是年轻时不能做而现在能做的。想想人生阅历带给你的一切，你可能还记得……”我补充说：“年轻的时候，你等不及要变老，你羡慕有智慧、经验丰富、受到敬重的人所享有的机会。如果你只执着粗略的改变，就看不到细微改变的好处。我年轻的时候，就急着要长大，因为长大就可以做我想做的事，也可以更稳定。”

在这次会面一年后，我再度经过美国，那位女士又来见我。这一次，她很放松，面带微笑。她坐下来之后，接着说，上一次会面后，她没有再摔镜子。

“上次谈话之后，我就明白了，”她解释，“时间不是敌人，年老不是敌人，我的执着才是敌人。以前照镜子时，我从镜中看到的是别人对我的眼光——一个老女人，没有魅力也没有价值。我也开始用那种心态过日子，果然别人也把我当成一个又老又没用的人，于是，这变成一种恶性循环。”

“但是，当我回顾这些年的体验，我竟然开始对我的皱纹感到骄傲。每一条纹路都像是一枚荣誉徽章，表扬我渡过难关、通过考试。我开始观察跟我年纪相仿的人，我心想：‘我们有许多人生阅历，未来还有更多大大小小的改变等着我们呢！’这并不是说，我每天早上跳下床时，都在期待改变。我的年纪已经不太适合跳跃了。”她大笑，“但是，我发现自己更能觉察自己的生命和当下，因为那就是我的全部，不是吗？当下，这个当下正在发生的事情，远超过我的想象。”

她的故事打动了我。她只得到了一点点的指导，就能面对“自我概念”的执着。其实，“自我概念”就是不安的主因，跟人类的体验息息相关。她面对问题并从中学习，往后，她更加珍惜生命。

这就是“第二谛”的精要教导。了知一切事物必然会改变，于是在每个当下都能更清明、更自信，并在其中放松，不去抗拒或受其摆布。体验和觉受不能掌控我们，我们不需要把它们当作“敌人”去搏斗或逃避。我们有潜力观察自己的体验，并且认出：“这是当下正在发生的事情。下一个瞬间会有另一个体验，再下一个瞬间，又有不同的体检。”

我认为“抗拒每个当下的改变”，是我所知道的现代用语中最能解释什么是“固着”的说法，这也是佛陀和后世的老师们所说的各种痛苦和不安的原因。

哪些因素影响我们对自己的看法

星星之火，可以燎原。

——巴楚仁波切，《普贤上师言教》

执着这些毒害就是痛苦的直接原因。这就像种子需要土壤、水和阳光的合作才能发芽、生长，各种烦恼的展现，也是根据众生与复杂因缘的相互影响而有所不同。这些因缘有很多来自个人特定经验、成长背景、居住地的文化影响，以及生物学和神经学专家正在研究的基因。这些因素就像是我们生命中的土壤、水和阳光。

在许多亚洲文化中，岁月的痕迹是尊敬的象征。普遍的亚洲文化认为长寿象征智慧，不过，西方国家却认为岁月的痕迹代表丧失、虚弱、渐离现实。我曾经在印度待过很长的时间，那里大部分的人认为圆滚滚的肚子、圆脸、双下巴，甚至三层下巴，象征健康、成功和财富，然而，许多西方人却认为那是不健康的征兆。

在许多文化中，出生的社会地位就代表了强势或弱势，这也会影响自己和别人看待自己的态度。举例来说，佛陀出生在“刹帝利”种姓，即战士或贵族阶级。他在特权下长大，这些特权是印度其他社会阶级无法享有的。然而，他却放弃了地位和特权，迈出了重要的一步：他去体悟家族和文化是如何决定了我们对自己的看法的。

他是怎么做的呢？

他毅然离开了家园。我不知道他抛弃所有的特权之后，内心有什么感觉，但我猜想可能是一种自由的感觉——从家族期待的束缚中解脱出来了。

出生在同一个家庭的孩子，往往比较敏感，手足之间会彼此较劲。我最近在加拿大遇到的一位男士跟我说了以下这种情况：

> “我的哥哥是长子，他总被认为是最尊贵的男孩。在我父亲眼中，哥哥是不会犯错的。我父亲会陪他好几个小时，教他投掷棒球、修汽车和驾船。可是，当我到了也可以学习这些事的年纪时，父亲却经常对我不满：‘为什么你不能像你哥哥一

样聪明呢？你老是做不好。’

“不过，我在另一方面很幸运。”他继续说，“我的母亲总是私下告诉我，我在其他方面是很聪明的。她说：‘你有很棒的数学头脑。’

“长大之后我成了会计师，我哥哥成了技术人员。从表面看来，我的生活过得比他好。我有高薪、一栋大房子、两部好车，还可以送女儿去学钢琴和舞蹈，但是我始终无法摆脱‘次等’的感觉。我努力工作和为家庭做的每件事，都是想让自己成为小时候所羡慕的‘尊贵的男孩’。

“我爱我的哥哥，我们的感情也很好，但是，我还是有一点点嫉妒他，这种感觉也影响到我对同事的心态。我经常感到不安，我觉得必须取悦主管。我担心同事工作先完成，比我有效率，所以，我经常加班，因此跟家人相处的时间比较少。我做到了给家人经济方面的照顾，却经常怀疑自己在情感上亏欠他们。我哥哥五点准时下班，有时候他会买比萨回家吃，然后坐在电视机前面，陪孩子看孩子爱看而他并不爱看的电视节目，他喜欢看到孩子的笑容。反而是我不管做了什么，好像都无法克服那种‘不够’的感觉——我永远都不可能像哥哥那样成功、快乐和满足。无论我多努力，我永远都不够好。”

这位男士鼓起极大的勇气面对自己的嫉妒，并承认自己“不够好”。如此直观痛苦的成因，是突破“这心中之苦无法避免，是不可能改变的”这一想法最重要的一步。

除了社会和家族的环境之外，个人特有的经验也形成了每个人对自己的看法。一些人和我谈到他们的失眠，或跟伴侣、孩子或同事的争执，或是结束一段浪漫的恋情。他们渐渐体会到，这些负面的因素影响了他们对自己和周遭世界的看法。

还有人和我见面时，浑身散发着快乐的光芒，有的是因为最近找到了“精神伴侣”，有的找到了他们梦寐以求的工作，有的刚刚买下了“梦想屋”。

和他们交谈也有助于我对第二谛的了解。执着和渴望的情绪生起之后，我们会在瞬间不自觉地对无常的现象做出反应，我在心理学领域的朋友，称此反应为“防卫机制”。

以“贪着”和“贪婪”两种情绪为例，字面上并不能真正表达这些情绪机制的深刻含义。我认为最好的解释是，这些情绪代表着一种“患得患失”的心理，是想在期望与恐惧之间找到平衡点：想改变又怕改变，想维持现状。有时候我们不由自主地被推往其中一个方向，有时候卡在两个极端之间而不知如何是好。

在公开讲学和个别谈话中，我最常被问到的问题是：“我要如何摆脱贪着？我要如何摆脱希望与恐惧？”

最简单的答案是：“放松身心。”

为什么呢？

当我们想要摆脱一种感觉，我们其实是在强化它。如果把对境、感觉、感官知觉或其他各种体验当作敌人，它们就会变得更强壮：我们同时在抗拒它，也在向它屈服。我们该怎么做呢？佛陀提出的方法是：单纯地看着我们所有的念头和感觉，直观我在生气、我在嫉妒、我感到疲倦、我感到害怕。

直观的时候，我们会逐渐注意到，念头和感觉已经不像它们原本出现时那样稳固和坚实了。无常也有好处，它告诉我们一切事物都会改变，包括我们的希望和恐惧。

观察内心的反应

生命刹那不驻留。

——冈波巴大师,《解脱庄严宝鬘》(*The Jewel Ornament of Liberation*)

想要观察瞬间变化的体验需要练习。下次你经过镜子时，站在一个看不到自己的角度。看着镜中反射出的影像，墙上的瓷砖、架子上的毛巾等，然后照镜注视镜中的自己。花一点时间去观察思维，当你看到镜中不同影像时，内心有不同的反应吗？你对于“环境”与“自己”有不同的反应吗？

你可以稍晚或隔天在同一面镜子前重复同样的练习。你是否注意到周遭环境有任何改变？你是否注意到自己有任何改变？你也许发现了一些不同之处。瓷砖已经洗刷过了，或比这之前更脏，毛巾或其他物品的摆设稍有不同。最后，当你看着自己时，你也许也会注意到一些不同。

这个练习不用持续太久，大约30秒就够了，只要去注意内心对这些变化的各种反应，比如“今天比较干净”或“我看起来很疲倦”或“我看起来很老”或“我看起来很胖”。无论生起什么念头或情绪，都可以帮你洞察你的偏执和贪着的本质。不要批评或分析你的反应，只是看着它们。这个练习的重点是：甚至是最简单的感官知觉，在开始认知事物的时候，都是戴着概念和情绪的面纱去认识它们的。

如果我们持续地观察，就会逐渐更容易区别赤裸裸的感知，以及伴随着心理和情感因素的感知。然而，认出这些因素的本质，并不是要必须摒弃和去除它们。佛陀在第二谛中指出，“自心”会编造体验，这就是痛苦的成因，他接着带我们进入第三谛——灭谛。

| 第四章 |

洞悉体验的本质

一旦认出是什么在束缚你，你就解脱了。

——第九世噶玛巴，《大手印：了义海》

我在一大群人面前演讲时，经常会碰到一个挺尴尬的问题。我讲话的时候，喉咙会越讲越干涩，课程才进行一会儿，我很快就把水喝光了。大家总是会注意到我的杯子没水了，就贴心地为我斟满。接着我又继续讲，喉咙又干了，我又把整杯水喝光，不久有人再帮我倒水。我继续讲话或回答问题的时候，有人又帮我把水杯加满。

过了一会儿，通常是演讲快结束之前，我的心头掠过一个念头：天啊！还有一个小时才下课，我要去尿尿！

我又继续讲了一会儿，回答了一些问题，瞄一下手表。还剩45分钟才下课，我真的得去上厕所……

半个小时过后，我更想上厕所了……这时，有人举手提问："请问清净觉性和因缘觉性有什么不同？”

这个问题直捣佛法第三谛的核心，第三谛通常被译成“灭谛”——洞悉体验的本质，并且告诉我们痛苦能够结束。

可是，我现在真的需要去厕所。所以，我告诉他：“这是个大秘密，中场休息之后，我再告诉你。”

我努力维持庄严的形象，离开座椅，慢慢穿过一排排向我鞠躬的人群，最后终于到了厕所。

对所有人来说，解尿不属于证悟的体验。但我可以告诉你，当我解掉膀胱里的尿液时，我了解到当下强烈的解脱感很类似第三谛：这种解脱感一直跟着我，你可以称之为“基本状态”。但因为暂时被“水”完全遮蔽，所以，我没有认出它来。后来我认出了它，也很珍惜它。

佛陀用美丽的例子来形容这个困难处境，他将“基本本质”比喻为太阳。太阳一直闪耀着，却经常被云遮蔽，虽然我们只看见云，但那也是因为太阳照射的缘故。同样地，基本本质一直存在，但为什么即使它被遮蔽了，我们仍然能够认出它呢？最好的答案就是在我上厕所之前，有人提出的那个问题。

放下执着，痛苦就会减少

念头的本质，就是本初的觉性（妄念体性即法身）。

——蒋巴·桑波，《金刚总持祈请文》（*Short Invocation of Vajradhara*）

很多人都想要了解“清净觉性”和“因缘觉性”的差别，其实并没有什么大秘密。这两者都是觉性，大致可定义为一种能力，能够识别、记录并记载每一刹那的体验。

“清净觉性”就像晶莹剔透的水晶球，本身没有颜色，却能反射万物，像是反射出你的脸、他人、墙壁、家具等。如果你稍微移动一下水晶球，就会看到房间各个地方，而且家具的大小、形状或位置会改变。如果拿到户外，你会看到树木、鸟和花朵，甚至还能看到天空。然而，这些显现都只是反射，并没有真的存在于水晶球内，而且水晶球的本质也没有丝毫的改变。

现在，请你想象一下，水晶球被有颜色的丝绸包住。现在无论你把球移到不同的房间还是户外，原先水晶球反射的那些事物，都稍微映现丝绸的颜色，这就是“因缘觉性”——无明、贪欲、嗔恨，以及从“紧巴”（执着）繁衍的许多障碍，影响了我们的观点。然而，这些带有颜色的反射，纯粹就是反射，它们并没有改变水晶球的本质，水晶球本来就是无色的。

同样地，“清净觉性”一直是清澈的，能够反射万物，即使是认为它是有限的或受制约的误解也不例外。就像太阳能照亮遮蔽它的云霭，“清净觉性”能让我们体验“自然的痛苦”以及“自己造作的痛苦”不断上演的戏码：“我”相对于“你”、“我的”相对于“你的”、“这个感觉”相对于“那个感觉”、“好”相对于“坏”、“愉悦”相对于“不愉悦”……

“灭谛”经常被解释成固着、渴望或渴求的最终解脱，然而，“灭”这个名词似乎暗喻了跟现在的体验不同或更好的事物。不过，它的意思其实是了解我们本来就有的潜能。

灭，或者说“从痛苦中解脱”，之所以可行，是因为觉性在根本上是清澈且不受制约的。恐惧、羞愧、内疚、贪婪、好斗等，纯粹是由文化、家庭和个人经验承袭与强化而来的遮障与思考方法。根据第三谛的教义，如果我们放下执着，痛苦就会减少。

我们放得下，并不是因为我们压抑贪欲、嗔恨、固着，或“换一种思考方式”，而是因为我们将觉性转而向内，去审视困扰我们的念头、情绪和感官知觉，并且开始注意它们，甚至欣赏它们，视它们为觉性的展现。

简单地说，我们体验到：**各种疾病的因，就是疗愈我们的药。紧抓不放的那颗心和释放我们的心，是同一颗心。**

佛性具有体验一切事物的无限潜能

当你身处黑暗时，为何不去寻找光明（幽暗之所蔽，何不求光明）？

——《法句经》（*The Dhammapada*）

为了解释得更清楚，我必须稍微取巧地先跟各位谈谈佛陀在“初转法轮”的教法中从未明确提到的论题。不过，我的多位老师都认为“初转法轮”和“二转法轮”都蕴含了这个论题。

佛陀并不是隐瞒伟大的真相，只传给最优秀聪明的弟子。他就像一位有责任感的老师，在进行更高阶的科目之前，先专注在基本教义的教学。你可以去问问任何一位小学老师，让还没有掌握基本加减乘除法的孩子，去学习微积分是否可行。

这个论题就是“佛性”，所指的并不是穿着有色僧袍、四处在路上化缘的人的行为或心态。“佛”这个字来自梵文，可译为“觉醒者”，用于正式称号时，指的是悉达多·乔达摩，也就是两千五百年前在菩提迦耶成就正等正觉的那位年轻人。

“佛性”并不是正式称号，也不是历史上的佛陀或佛法修行者独有的特性。它不是创造或想象出来的事物，而是所有众生本来就有的精髓或本质。佛性具有能够执行、看到、听到或体验一切事物的无限潜能。因为我们具有佛性，所以能够学习、成长和改变，我们靠一己之力即能成佛。

佛性无法用世俗的概念去诠释，你只能直接体悟它，而直接的体悟不可能用言语加以诠释。我们来想象一下，假设你现在看到了一个辽阔无边得难以形容的地方，像是美国的大峡谷。你可以形容这个地方很大，两边的石墙带点红色，空气干燥，闻起来有点西洋杉的味道。可是，不管你形容得多传神，你的描述都不能真正含概看到辽阔风光的体验。或者我们来试着描述一下台北 101 观景台的视野，那是全世界最高的建筑物之一，也是七大现代奇迹。你可以形容观景台望出去的全景、底下的车子和人看起来就像蚂蚁，或是你屏息站得离地面这么远。无论怎么说，你都无法传达那深广的体验。

佛性有三种特性

虽然佛性无法形容，但佛陀还是提供了一些线索和地图，指引我们前往那至高、无法言传的体验。佛陀开示佛性的方式之一，即是指出佛性有三种特性：（1）**无限的智慧**，也就是了知万事万物的能力，包含过去、现在和未来；（2）**无穷的力量**，也就是将自己与他人从各种痛苦中救度出来的无限力量；（3）**无量的慈悲**，也就是跟所有众生联结的一种无限的感觉，对他人抱持开放的心，并激发出创造众生都能富饶的因缘。

毫无疑问的是，许多人坚信佛陀的开示，并深信通过学习和实修，就有机会直接了悟无限的智慧、无穷的力量和无量的慈悲。不过，另外有许多人认为这不过是无稽之谈。

说也奇怪，我们从许多经典上读到，佛陀好像很喜欢跟那些质疑他教法的人对谈。在公元前 4 世纪时，他是唯一足迹遍及全印度的老师。当时的情况就好像现在可以在广播、电视和网络上看到许多老师和各种宗派的开示。

然而，佛陀跟同时代的那些人不同，他并不是要说服别人认同他所发现的从痛苦中解脱的方法是唯一的法门。在许多经典中，佛陀都传达了同一个论点，用现代话来说，大约是这样："我是这么做的，这是我了悟的境界。不要因为我这么说，你们就相信了，你们要自己试试看。"

佛陀并不是要大家不要去深思他的所学及他学习的方法，反而在他教导佛性时，以"思维实验"的方式对信众开示。他要大家去寻找在何种状况下佛性会不时地出现在日常生活中。他将这个实验比喻为用百叶窗和帘子遮住屋内的一盏明灯，屋子象征"身、心与情绪是实质"的观点，明灯就像我们的佛性。不管百叶窗和帘子多么紧闭，一定会透出一些屋内的光。

明灯的光亮让我们能清楚分辨椅子、床铺或地毯。当光线穿透百叶窗和帘子时，我们会体验到智慧的光芒，有时候就像一种直觉，有些人则形容为对于人、环境或事件的强烈直觉。

当我们自然而然地帮助和安慰他人，并非出于自利或想要回报的动机，只不过是我们认为这么做是对的，这时，慈悲的光芒就会穿透百叶窗。我们可能只是在别人痛苦时，让他们在自己的肩上哭泣，帮助别人过马路，长期支持别人，这就像是陪伴生病或面临死亡的人。我们也都曾经听过这样极端的例子：有人为了拯救溺水的陌生人，奋不顾身地跳入水中。

幸运的人知道自己有能力选择

我们面临逆境时，通常就会展现出自己的能力。就像我最近遇到的一位修行很久的佛教徒，他在 20 世纪 90 年代，大举将资金投入股市。后来，股市崩盘，他失去了一切。他有许多朋友和工作伙伴也损失惨重，其中有人因此精神失常；有人失去自信，再也不敢做决定；有人陷入严重的抑郁；还有些人，就像 1929 年股市崩盘破产的那些人一样，跳窗自尽。但是，这位老修行者并没有失去理智、自信或陷入抑郁。后来，他再度进场投资，打下了崭新稳固的财务基础。

经历了恶劣的经济衰退，他看起来还是很平静，于是有一些朋友和同事就问他："你是怎么保持镇定的？"他回答："其实我所有的钱都是从股市赚来的，然后钱又流回股市，现在钱又回到我的口袋。虽然景况改变了，可是，我还是我啊！我可以做决定。我可能在豪宅住上一年，来年就借住在朋友家，但这些状况并不会改变我对自己和周遭事物的想法。其实，我觉得自己很幸运。有些人没有能力选择，有些人不知道他们'能'选择。我想，我属于幸运的那群人，因为我知道自己有能力选择。"

我们仍有勇气做自己

有些人跟我说过他们面对长期疾病的话题，有些人是自己面临这种状况，有些人是他们的父母、孩子、家人或朋友遭遇到这种状况。就像最近我在北美遇到的一位男士，他巨细靡遗地跟我谈到他在维系工作和妻小的关系之外，还要持续去探望罹患阿兹海默症的父亲。“要兼顾所有的事情当然很难，”他说，“但是，我就是这样做的，我不知道还有什么其他办法。”

他简单的一番话令人耳目一新！虽然他以前从未参加过任何佛教课程，也没有研读过文学，他也不见得认为自己是佛教徒，然而，当他谈到生活以及面对这些事情的态度时，却自然呈现了佛性的三种层面：（1）以深广的角度观察自己状况的智慧；（2）看到事物时，选择要如何诠释与行动的能力；（3）自然流露的慈悲心。

就在他叙述的同时，我想到佛性的三个特质可以总结为“勇气”这个词。尤其是当我们心中抱持疑惑和不确定的时候，当下此地，我们仍然有勇气做自己。当我们直接面对体验，就有可能了解所有的体验，像是爱、寂寞、嗔恨、喜悦、贪婪、悲伤等，它们的本质，就是佛性基本无限潜能的展现。

第三谛“灭谛”，也就是“正面的预测”，蕴含了这个教义。当我们将感受到的不舒服降低到一定程度时，我们就能斩断那个极为有限、受制约且有条件的自我观点的执着，开始去认同我们具有体验万物的能力。我们终究能安住在佛性之中，就像是鸟儿归巢休息。在那个刹那，痛苦止灭了。你没有什么可害怕的，也没有什么好抗拒的，即使是死亡也无法困扰你。

佛性明光的展现

在我父亲过世前的最后时光，我待在他的身边，透彻看清了这个观点。当时，我 21 岁，我父亲 76 岁。他是一位伟大的禅修者，投入毕生的时间，深入去了解他曾经领受的教法——内心的宽广与感知的无常，他将自己的领悟传递给全球数千位学生。在他过世前的最后几天，许多人来见他，有僧侣、尼众、亲戚、其他老师、以前的学生，以及附近村庄的老百姓。有时候，他会起身坐着见他们；有时候，他必须躺下来。他和蔼微笑着对待每一位来见他的人，并温柔地对他们说："谢谢！"他的表情毫无恐惧，瘦弱的骨架也没有任何吃力的表现。他正在经历特别转变的唯一征兆，就是他脸上有时会浮现一点好奇的神情。在这平静的临终阶段，他向来访者一一道谢，就好像他们曾经是他的老师，而不是他的学生。

在他圆寂前不久，他急着要解尿。由于厕所远在走廊底，父亲房间里有一个活动式的尿盆。于是，有人把尿盆拿到他的面前，但他却起身下床。

"您最好继续躺着。"我的哥哥建议，"我们可以把尿盆放在您的下面。"

"不要！不要！"他笑着说，完全不理会我们的担心。

解完尿之后，他回到床上，以禅修的姿势坐着。两腿双盘，后背挺直，双手安放在腿上，两眼专注直视前方。他的呼吸极度和缓，最后停止了。过了好一段时间，我们才发现他已经过世了。他维持禅修的坐姿，藏文称作"吐丹"（坐化，藏文：tukdam，意思是"死亡禅修"，即能够有意识地体验到意识脱离身体的过程），他维持了三天的坐姿后，身体才倒下来。在这期间，他的身体没有僵掉，气色依然光彩红润，甚至有点容光焕发。我知道现代人对这种现象难以置信。要不是我亲眼看见的话，即使我成长在这种传统思想的环境里，我也不相信人能够完全自觉且平静地经历死亡，不过，证据摆在眼前。我的父亲带着全然的觉知过世，他平静地观照大部分人认为的极度痛苦，即是佛性明光的展现。

体验到佛的刹那

每一位众生，都有进步和证悟的潜力。

——第十二世大司徒仁波切，《唤醒沉睡的佛》(*Awakening the Sleeping Buddha*)

"佛性"被指出来之前，多数的人都没认出来。

不久之前，我听到一个印度人的故事。有人送了他一块名贵的手表，但他完全不知道什么是手表，也不知道手表的功能，以为这不过是一个漂亮的手镯。他不知道这是报时的工具。他上班总是迟到，最后被开除，变得一无所有。虽然他安排了许多新工作的面试，但他不是太早就是太晚抵达面试场所。最后，他还是找不到工作，正在很沮丧的时候，他问了一位路人："请问现在几点？"

那个人惊讶地望着他。

“你有手表啊！”路人说，“手表上有时间。”

“手表？”那位男士回答，“什么是手表？”

“你在跟我开玩笑吧？”路人边说边指着他手腕上的东西。

那位男士说：“这是一块精致的珠宝，我朋友送我的。这个东西跟现在几点有什么关系呢？”

这位路人很有耐心地教他看手表上的时针与分针，甚至是快速移动的秒针。

“我真不敢相信！”那位男士大喊，“你是说，我一直都有报时的工具，但我从来都不知道？”

“你别怪我，”路人说，“送表给你的人应该告诉你。”

过了一会儿，男士不好意思地小声说：“说不定，他也不知道这是什么。”

“他送给你一份你不知道怎么使用的礼物，不过你现在知道怎么用了。”路人说。

说完之后，这位路人消失在行人、乞丐、车辆和人力车川流不息、繁忙的印度街头。

说不定这个人是佛陀，或者只是巧遇的陌生人，他正好知道手表跟手镯的不同，反正那位男士现在知道怎么使用手表了。接下来的面试他都很准时，最后找到了一份好工作，恢复了原本的生活。这个故事给我的启发是，我们经常不知道自己天生就具有的能力，直到有人为我们点出来。我喜欢把这些提醒称为“佛的刹那”，从“因缘觉性”的梦中醒来的契机。

我第一次到加州巡回讲学时，曾经体验到“佛的刹那”。那时有人怂恿我去游泳，我并不想去，但招待我的主人已经替我安排好去当地的俱乐部，那是一个奥林匹克比赛用的标准池。我跳入水中，立刻就成功地在“水中”游泳，这意思是说，我像颗石头般“咚”地直接沉入水里！我努力划出水面，不到一分钟，手脚就累了，也憋不住气。我心想：“好吧，我太紧绷了，太努力要完成。”所以，我完全放松肌肉，结果就浮到水面了；可是很快，我又成功地“往下沉”。

然后，我回想起小时候，经常在家里附近的小池塘游泳。那个池塘不是很深，那时我的泳姿不太标准，也算不上优雅，噼里啪啦的就像“狗爬”……就在想起这些的那一瞬间，我游了起来。

带我去游泳的人很惊讶，他们说：“前一分钟你还往下沉，后一分钟你就会游泳了，这是怎么回事呢？”

“我回想起来的啊！”我回答，“刚开始我搞不清楚游泳池的大小，后来我就想到，我本来就会游泳啊！”

虽然这只是个小小的体验，但是很类似我们忆起佛性的力量和潜能。我们的深处有无限的智慧、无穷的力量和无量的慈悲，除非我们碰到一切得靠自己的处境，否则很容易忘记自己的能力。

抛弃狭隘或局限的想法

我随喜所有众生的善行（欣乐而随喜，一切众有情）。

——寂天菩萨，《入菩萨行论》

在巡回讲学期间，我跟许多心理学家的对谈，让我了解了人性中一个有趣的怪癖：如果我们有十个特质，九个是正面的，其中一个是负面的，多数人几乎倾向去注意负面的特质，而忘了正面的部分。

前一阵子，我在三更半夜接到一通朋友的电话。她是一位很有名的表演工作者，她就发生了这种情况。当时她人在欧洲，打电话给我之前，她才跟上千位热情粉丝碰过面，然后回到了饭店的房间。想想看，那么多人当面对你喊着“我爱你！”和“你真棒！”是什么样的情况。

演奏会之后，她回到饭店的房间要使用自己的笔记本电脑，不巧的是电池没电了。她也没有变压器可以充电，她打电话给柜台求助，他们答应她会立刻过来。过了几分钟，没有人来，她开始生气了。她内心五味杂陈，生气、愤慨又寂寞，因为她不能用电子邮件或网络跟外界联系。

最后，她打电话给我，那时我在巴黎讲学，她问我：“我该怎么办？我只是在人行道上露个面，就可以让好几千人开心；可是，我却一个人孤零零地被困在饭店里，这台电脑的小问题，把我整个晚上搞砸了。”

我们谈了一些接受“无常”和执着“相对实相”会遭遇的难题。我记得当时告诉她：“你已经尽力补救电脑了，但是，如果问题不如你预期的那样能快速地解决，你可以将挫折和生气作为禅修的焦点。不要逃避那些感觉，不要推开那些感觉，直接看着它们。如果这么做，你就会看到能够觉察这些感觉的觉性。如果能更进一步触及觉性，你就会看到在现状的难题之中，你所有的美好特质，像是你的才华，还有给予数千人快乐的能力。你有好多的优点，你的生命中有很多美好的事物，为什么要让一个困境阻挡你看见你带给这世界所有正面的事物呢？”

我们多谈了一会儿，直到她冷静下来并了解这个不顺不会毁掉她的夜晚，也不能损害她为别人带来快乐的能力。

“光是跟您说话，我的心情就好多了。”她说，“谢谢您提醒我，一个小问题不会毁掉我的生命。”

我挂掉电话之后，沉淀了一下我跟她的对话，过了一会儿，我了解了自己所要表达的想法，不过，当时还来不及形成整套思维。智慧、能力、慈悲都是我们与生俱来的特质，挫折、嫉妒、内疚、羞愧、焦虑、贪婪、好斗等，都是后天学来的经验。这些经验通常来自我们的文化、家庭和朋友的影响，并随个人经验得到强化。

第三谛“灭谛”就是抛弃我们对自己、他人和每一个经验的狭隘或局限的想法。

盘点自己的特质和性格

我们就是自己的皈依，他人怎能作为自己的皈依呢（自为自依怙，他人何可依）？

——《法句经》

佛陀为了让各种不同个性和背景的众生，有机会体验他们自身佛性的无限可能，于是教导了许多不同的修持。其中一种方法就是“盘点”自己的特质和性格。在西藏的传统中，人们会用许多有颜色的石头进行盘点。黑色石头代表我们的负面特质，白色石头代表我们的正面特质。

一开始，黑色的石子堆可能比白色的石子堆要大。于是，我们花一点时间反省："嗯，我今天对某人说好话，那个人笑了。"所以，我们在白色的石子堆里放入一颗白石子。"我对我不喜欢的人或跟我处不好的人，说好话或做好事。"修持慈悲当然值得好几颗白石子。"我具有一颗能做选择的心。"这起码又值得好几颗白石子。"我运用这颗心去认出它有能力选择。"这至少可以再加入五颗白石子。"我'要'运用我的心去认出它有能力做选择。"这样至少能得到十颗白石子。"我的心能自由选择宁静和快乐，这也带给他人同样的宁静和快乐。"如此，白色的石子堆得高高的直到整个垮下来！

你不一定要用石头做这个修持，西藏人用石头是因为他们很容易取得。你可以用纸条、硬币、贝壳，或任何手边的东西，甚至可以用一张纸列出你的特质和性格。盘点的重点在于让你自己看清你有时不假思索在运用的正面特质。

这种自我检查的方法，既简单又很有效地连接你的基本本性。当你处于强烈情绪的动荡，如生气、嫉妒、寂寞或恐惧等时，这个方法特别有用。事实上，在强烈的情绪产生或当你面临困境时，如果开始"数石头"，那么这些情绪或情况将会有力地刺激我们积极练习认识自己无限的能力。

用环境和状态来解释物质生活，永远是相对的，永远在改变。今天我们很健康，明天可能就感冒了；今天我们跟每个人相处融洽，明天可能就跟对方起争执了；当下我们享受着暇满人身，正在读一本好书，下一刻可能就陷在个人或工作的难题中了。

通过修持，任何体验都会成为发现根本的智慧、能力与慈悲的契机。不过，这个修持需要斩断相当根深蒂固的成见和心态，也就是运用佛陀为解脱痛苦而开立的“治疗方法”，这个方法就在第四谛——“道谛”中。

| 第五章 |

观察自心的习性

一旦感知之门被净化了，万事万物就会如实展现……

——威廉·布莱克，《天堂与地狱的婚姻》(*The Marriage of Heaven and Hell*)

佛教大师们在他们的著作和教法中谈到他们的观察：所有的生命都想要得到快乐，避开痛苦。当然，这项发现不仅限于佛法或特定的哲学、心理学、科学或心灵领域。我们只要看看自己与这世界上其他众生的行为，就可以得到这合理的推论。

截至目前，大家对于各种种类和程度的痛苦应该很清楚，所有的痛苦都可以归类为“堵嘎”。但是，什么是快乐呢？要怎么定义快乐呢？要如何得到快乐呢？是否有某一个事物能让每个人都快乐呢？

这通常是我在演讲时会问的最后一个问题。不过，答案总是五花八门。有些人回答“金钱”，有些人回答“爱”，有些人回答“和平”，有些人回答“黄金”。有一次我甚至听到“红番椒”。

有趣的是，每个答案都有相反的声音。有些人不想要有钱，他们比较喜欢简单的生活；有些人比较喜欢独居；有些人喜欢争论他们认为是对的事情。当然，有些人不喜欢红番椒。

现场不再有人提出答案之后，演讲厅一片沉寂，每个人都了解没有一个事物是众人认可的。听众逐渐了解他们的回答，不是外在的事物，就是他们自身以外的事物，或者是当下此地体验以外的状态。此刻，现场陷入更深的寂静与沉思，因为每一个人都开始了解，这个趣味十足且带来欢笑的简单问答练习暴露了深植在感知和信念之中的习性。这习性总是带来持续的痛苦，并阻碍我们去发现持久和真正的快乐。

在这些习性之中，有一个是倾向于以二元名词去定义经验，像是“自己”与“他人”、“我的”与“不是我的”、“愉快”与“不愉快”，以二元的方式与世界连接并非惨事。我们之前谈过，就生理层面来说，我们受到文化、家族和个人背景的影响和制约去分辨事物。这些习性不只是为了生存，也是为了各自在社会互动中扮演的角色和日常工作的运作。单纯从实际的观点来看，以二元名词去“勘测”和引导日常生活是极为重要的方式。

在这几年我跟人们的交流中，我发现大家都误以为佛教徒认为“二元感知”是瑕疵，其实不然。不管是佛陀还是追随佛陀的大师们，都不曾开示以二元名词与世界连接是错误的或有害的。他们解释，用“主体”和“客体”、“自己”与“他人”等去定义体验，只不过是觉性的其中一面，虽然局限，却很有用。

打一个简单的比方：双手为我们完成许多工作，例如打字、切菜、按电话号码、在 MP3 播放器上选曲、开门与关门，以及扣衬衫纽扣。你可以用一长串清单列出双手的功用，但你能说双手能做的一切事情，就代表了你全部的能力吗？如果努力练习的话，你也许可以用手走路。但是，你可以用双手看、听或闻吗？双手可以消化食物、维持心脏和肝脏的机能吗？双手可以下决定吗？除非上天赐予你特异功能，否则你是不可能做成这些事的，于是你放下了“双手能做的事，就代表你所有能力”的想法。

我们很容易接受双手无法代表我们所有的能力，然而，我们却不容易了解将体验划分为相对的名词，例如“主体”与“客体”、“自己”与“他人”或“我的”与“不是我的”，仅只是佛性的部分能力。除非有人为我们点出看待体验的不同观点，我们也欣然去探究，否则，我们的二元概念，以及从二元概念生起的各种内心习性，将阻碍我们去体验自身固有的全部潜能。

内心习性决定了我们的世界观

自我欺骗，是持续不断的问题。

——邱阳·创巴仁波切，《突破修道上的唯物》（*Cutting Through Spiritual Materialism*）

想象你戴上一副深绿色的太阳眼镜。你看到的每一个事物都是绿色的，绿色的人、绿色的车子、绿色的建筑物、绿色的米饭和绿色的比萨，甚至你的手脚也是绿的。如果摘下太阳眼镜，你整个经验都会改变。“噢！人不是绿的！”“我的手不是绿的！”“我的脸不是绿的！”“比萨不是绿的！”

如果你永远不摘下眼镜呢？如果你认为不戴眼镜就无法生活，坚持要戴上眼镜，你甚至从未想过要摘下来，连睡觉的时候都戴着呢？你当然可以在视万物都是绿色之下生活，但你会失去看到许多不同颜色的机会。一旦你习惯看到的都是绿色，你几乎不会停下来思考——或许绿色不是你唯一能看到的颜色，你全然地相信万物都是绿色的。

同样地，特定的内心习性决定了我们的世界观。我们执着“太阳眼镜的观点”，我们认为自己看待事物的方式，就是它们实际的状态。

我们的生理构造、文化和个人经验携手合作，误将相对特性当作究竟特性，误将概念当成直接体验。这种不一致性总是造成我们的不安，这是一种潜藏在觉性背后的“自由浮动”的痛苦，是一种不完整、孤立和不安定的纠缠不休的感觉。

为了努力对治这个根本的不安，我们习惯使相对世界的“居民”，包括我们自己、他人、事物和环境等，具有种种能增强它们坚实和稳定的特性。但是，这种做法反而更进一步掩盖了我们的观点。我们除了误将相对特性当作究竟特性之外，还将错谬的见解掩藏在幻相之下。

我们不去对抗或压制，而是拥抱和探索

痛苦，具有善功德。

——《入菩萨行》

第四谛——“道谛”教导我们，要止息痛苦，就必须斩断感知的二元习气以及支撑二元习气的幻相。我们不去对抗或压制，而是拥抱和探索。不管痛苦是怎么展现的，都是修持道上的向导，能究竟指引我们发现它的源头。直接面对痛苦，就能开始运用它，而不是被它所利用。

一开始，我们可能只观察到一些模糊的念头、感觉和感官知觉在快速激烈地奔驰，我们无法一一分辨。它们看起来很坚实、能被感知且深植在现实中。于是我们会认为，事物原本就是这样的啊！但是，付出一些耐心之后，我们就能够从宏观上看到整个情况。

当我们继续观察，开始注意到一些瑕疵和破绽时，我们会发现这些念头并不如想象中的坚实。观察时间越久，就会看到越多瑕疵，最后，作为认识自己和周遭世界的信念和观点开始瓦解。此时，我们感到困惑和无所适从。然而，一旦尘埃落定，我们发现自己以更直接和甚深的领悟，去面对自身和现实的本质。

从修持之道启程前，事前熟悉地形是有帮助的，我们不仅对目的地有些了解，也能够警觉在路上会撞到的“突起物”，这里指的是特别难看透的执着信念。我年轻时在智慧林求学，当时老师要我去寻找三种特定的“突起物”，也就是恒常、单一和独立。

我们仍执着"恒常"的想法

思维万法不恒常。

——蒋贡·康楚仁波切，《了义炬》

车子和电脑会出现故障，我们会搬家、换工作、长大、变老、生病，最后死亡。我们观察自己的历程时，知道自己不再是婴儿和学童。有些转变是大家会欣喜接受的，像是大学毕业、结婚生子、搬新家和换新工作。另外一些转变并不愉快，就像所有人一样，我们会生病、变老，最后死亡，或是失业、丧偶，或跟你的爱人说："我不爱你了。"

即使知道这些特定变化终将到来，在极微细的程度上，我们仍然执着"恒常"的想法：自始至终我们都固执地认为，明明就有"自我"，也有"他人"；觉得昨天的"我"跟今天的"我"是相同的；觉得昨天我们看到的桌子和书，跟今天看到的桌子和书是相同的；觉得昨天开示的明就仁波切，跟今天开示的明就仁波切是同一个人。我们的情绪有时候好像也是"恒常"的："昨天我对老板生气，今天我对他生气，明天我还将对他生气。我永远不原谅他！"

佛陀将我们这种错觉比喻为爬树，看起来很健康的一棵树，树干内却是中空腐烂的。当我们爬得愈高，就愈执着枯死的树枝，担心树枝会断裂。最后，我们一定会摔下来——爬得愈高，摔得愈痛。

就心理层面而言，"你""我"和他人一直在改变。9 岁的"我"跟 19 岁的"我"，甚至是 30 岁的"我"并不是同一个"我"。9 岁的"我"是一个焦虑的小孩，害怕巨大的声音，害怕成为父亲和父亲学生眼中的失败者。19 岁的“我”已经完成两次为期三年的闭关，希望借此能精通藏传佛教更深入的禅修修持。在佛学院上学，同时协助创建另一所佛学院，负责管理印度某大寺院的日常事务，教导比“我”年长的众僧人。33 岁的“我”大部分的时间进出机场，游历各国，一次要会见数百人，要针对不同程度的修行者给予口诀教导。个别会见想要更深入洞悉个别修持的个人和小团体；拨打国际电话，预先规划一年之后的巡回讲学。为了跟世界各国人互动，零碎地学习各国语言。还要为各个不同背景的人提供建议，帮助他们处理个人问题，包括慢性病、抑郁症、离婚、身心受虐，还有心爱的亲友生病和死亡造成的身心创伤。

“他人”也同样在经历心理的改变。有人告诉我，他们被搞糊涂了。有一天他们跟某人谈话，这个人看起来一切都很好、很快乐，对生命充满期待，也准备要面对生活的挑战。可是，一天或一星期之后，同样的这个人变得愤怒、沮丧、无精打采，看不到生命的希望。有时候转变很戏剧化，比如这个人最后变成酒鬼或染上毒瘾，于是我们心想：“我几乎认不得这个人了！”

另外，这些年我从科学家的谈话中学到，我们的身体正在经历的改变远在我们的意识能察觉和控制之下，比如制造荷尔蒙或调节体温。当你读完这个句子时，你体内的部分细胞已经消失了，变成新细胞了，组成细胞的分子、原子、次原子已经移动了。

甚至是这本书以及当下你周遭的家具，它们的分子、原子、次原子也一直在移动、改变和游动。书本的纸张开始泛黄和皱起，房间的墙壁出现裂痕，你身旁那张桌子的油漆已经有点剥落。

想一想这一切事物，你能在哪里找到恒常呢？

单一，是很微细的谬见

每个刹那都很相似，因此我们被蒙骗了。

——冈波巴大师，《解脱庄严宝鬘》

从“恒常”的谬见衍生出“单一”的信念，我们深信这个永恒不变的基本核心是不可分割且独一无二的。当我们说“那个体验改变了我”或“现在我用不同的眼光看世界”，我们还是坚持称“我”是单一完整的个体，用内在的“脸”注视世界。

单一是很微细的谬见，除非有人为我们指出来，否则很难察觉。例如，最近有一位女士向我透露：“我深陷在难以忍受的婚姻中。我跟我丈夫结婚时，我很爱他，可是，现在我很厌恶他。我有三个孩子，我不想让他们处在冗长的离婚纠葛中，我希望他们和父亲的关系良好。我不希望他们搬离成长的房子，但是，我不要依赖我丈夫的经济援助。”

她在这一长串的陈述中，最常重复的是哪一个字？

“我”。

但是，“我”是谁？这个“我”是曾经爱她丈夫，现在讨厌她丈夫的人吗？这个“我”是想要避免冗长的离婚纠葛，还是三个孩子的母亲，抑或是想要她的孩子跟他们的父亲有良好关系的女人？总共有几个“我”呢？一个，两个，还是三个？

答案是只有一个“我”，在不同情况下，我会产生不同的反应。跟他人互动时，我会有不同的表达方式；要响应新的信念和经验，或环境和情况改变时，我会产生一套新的心态和感受。知道了这些不同，“我”真的是单一的吗？

我们可能会问自己，跟同事或家人争吵而产生特定反应的“我”，跟读书、看电视或收发电子邮件而产生反应的“我”，都是同一个“我”吗？

我们习惯说：“对啊！这些都是我的一部分。”但是，如果是“部分”的话，哪里来的“单一”？

独立，其实是幻相

自我，在名字里面吗？

——冈波巴大师，《解脱庄严宝鬘》

讲学时，我有时候会跟大家玩一个游戏，我几乎把整个身体藏在我的外层僧袍后面，只露出大拇指。我问大家：“这是明就仁波切吗？”

“不是。”大部分人回答。

接着，我把整只手伸出来。“这样呢？这是明就仁波切吗？”我问。

大部分人又回答：“不是。”

如果我伸出手臂，问同样的问题，大部分人也是回答：“不是。”

但是，如果我把外层僧袍放下，现在大家看得到我的脸、手臂等，这时候再问同一个问题，答案就不是那么确定了。有些人说：“现在我们可以看到全部的你，所以，那是明就仁波切。”

但是，这个“全部”是由许多不同的部位组成的，像是拇指、手、手臂、头、脚、心脏、肺脏等，这些部位又是由更小的部分组成的，像是皮肤、骨头、血管，以及组成它们的细胞。细胞由原子构成，原子由质子构成。另外还有其他特定的元素，例如我成长的文化背景、接受的训练、闭关体验，以及过去十二年跟全球人们的谈话，这些也可视为“一部分”的明就仁波切。

坐在演讲厅的人，因为每个人的座位不同，他们看到的“明就仁波切”的模样不一样。坐在演讲厅左侧或右侧的人，只能看到“明就仁波切”的侧面；坐在正前方的人，可以看到“明就仁波切”的全貌；坐在大厅后侧的人，只能看到他模糊的样子。同样地，一位路人看到“明就仁波切”，可能认为他不过只是一个面带微笑、身穿红袍的光头。第一次参加佛法课程的人可能认为，“明就仁波切”是一位面带微笑、身穿红袍的光头，他的想法挺有趣的，也有一些好笑话。长年跟随“明就仁波切”的弟子会认为他是转世喇嘛、心灵导师和生活上的老师。

所以，“明就仁波切”看起来好像是独立的个体，但这个显相是由各种不同的部位及条件组成的。就像“恒常”和“单一”是相对的概念，“独立”也是，我们用它来定义自我、他人、地点和事物，甚至是念头和情绪，我们认为它们是自己存在、独立的个体。

但是，从我们的体验来看，“独立”其实是幻相。举例来说，我们能说我们是自己的大拇指、手臂或头发吗？如果我们身体正在痛，我们就是“那个痛”吗？是“那个疾病”吗？我们是别人看到在路上走路的那个人，还是坐在晚餐餐桌对面的那个人呢？

如果检验周遭的一切，我们会了解没有任何的人、事、物是原本就独立存在的，它们是由许多不同且相关的部分和因缘组成的。举例来说，椅子有椅脚、椅座和椅背。拿掉了椅脚、椅座或椅背就不是椅子了，而是几片木头、几块金属或椅子的零件。零件就像身体的部位，由分子、原子和组成原子的次原子组成的，现代物理学家最究竟的观点——次原子是由能量组成的。

所有这些更小的部分，必须在适当的环境下聚合，才能制成椅子的基本零件。此外，还必须有人参与椅子不同部分的制作。举例来说，有人必须砍树刨木，或是收集原料制作玻璃、金属或包覆椅子的布料以及布料内的填充物。有人必须对所有的原料进行塑形，另外有人要组起所有的零件，给椅子定价，并把椅子的成品运到门市并展示。然后有人必须买下它，把它搬回家或办公室。

所以，即使是椅子这样简单的物品，也不是原来就自己存在的，而是由因缘条件的聚合所产生的，这个道理就是佛教名相中的“互为缘起”。即使是念头、感觉和感官知觉都不是自己存在的，而是借由许多的因缘条件才能发生。嗔恨或挫折感的产生，可能要溯及某个失眠的夜晚、争吵或工作期限的压力。我遇过一些人，他们小时候曾经受到父母或其他大人的虐待。他们有时候会这么说，“我一事无成”“我永远找不到好工作或稳定的感情”“有时我在半夜醒来，冷汗直冒；有时看到主管走过来，我的心就扑通扑通地跳，好像要从胸膛蹦出来了”。

不过，就像我们可以运用“无常”的优点，换个新工作或把病治好，同样地，“互为缘起”的观点也能够帮助我们。我有一位加拿大的学生听了朋友的建议，参加成人治疗团体。这个团体针对童年曾经受过虐待的人。几个月下来，她谈论自己的经历并倾听别人的遭遇，萦绕她一生的羞愧感和不安全感开始松动，然后消失了。“这些年来，我好像一再听着同一首歌。”她解释，“现在我可以听完整张 CD 了。”

那段时间，她还没有学习佛法。但是，通过新朋友的协助，她洞悉了佛法的核心。

空性具有宽广无边的潜能

没有什么事物能被形容为存在或不存在（如云此是彼实无所表，如云此非彼实无所遮）。

——第三世噶玛巴，《大手印：无穷的喜悦与解脱》（*Mahamudra: Boundless Joy and Freedom*）

在公开讲学和个别会面的时候，一定有人会问我一个“大”问题。虽然每个人的用字遣词不同，但意思是相同的：“如果万事万物是相对、无常并且互为缘起的，如果没有一样事物绝对是某样事物，这是否意味着我不是真实的，你不是真实的，我的感觉不是真实的，这个房间不是真实的？”

这些问题有四种可能的答案：是的；不是；是与不是；既不是“是”，也不是“不是”。

你被搞糊涂了吗？太好了。“搞不清楚”就是一个大突破：这代表你斩断了某个特定见解的执着，迈向更宽广的体验。

虽然我们将体验归纳在许多盒子里，像是“我”“我的”“自己”“他人”“主体”“客体”“愉快的”“痛苦的”等盒子都是自心所创造的，我们仍然会体验到“这个我”“这个他”“痛苦”“愉快”等。我们能够见到椅子、桌子、车子和计算机。我们可以感觉到喜悦和转变的痛苦，我们生气，我们悲伤。我们在人、事、物之中寻找快乐，并尽量避开导致痛苦的情况。

试图否认这些体验是很荒谬的。如果同时仔细检验这些体验，我们无法指着任何的事物，说：“对！这就是无常！这是单一！这是互为缘起！”

如果我们继续将体验分割成愈来愈小的部分，探究它们彼此之间的关系，寻找因缘之下的更小因缘，最终我们会遇到有些人所说的“死胡同”。不过，这不是什么胡同，当然，更没有“死”。

这是我们第一次瞥见“空性”，这是所有体验得以生起的根基。

空性是“二转法轮”的主题，这可能是佛教哲理中最令人搞不清楚的名词，即使是学佛很久的佛弟子也不是很了解它。也许这就是为何佛陀在“初转法轮”的十六年后，才开始谈论这个主题。

其实，一旦你抛开对于空性先入为主的成见，就很容易了解什么是空性。

空性是梵文“熟雅他”（sunyata）和藏文“东巴尼”（tongpanyi）的翻译。梵文的“熟雅他”是“全然空无”的意思；藏文的“东巴尼”是“空”，也就是什么也没有。梵文音节的“他”（ta）与藏文音节的“尼”（nyi）本身没有意义。但是，加在形容词或名词的后面，就代表可能性或宽广无尽。佛法讲“空”，不是指什么都没有的空空如也，而是一种状态；不是没有什么东西，而是指一个背景空间，一个开放广阔的“空间”，任何事物都能从中显现、改变、消失和再显现。

这真是个好消息啊！

如果一切事物都是永恒、单一或独立的话，那么没有任何事情会改变。我们会永远被困在原来的状态中，我们不会长大，也不能学习。没有什么能影响我们，因果之间不会有关联。即使你按下电灯开关，也不会有反应。不管把茶包浸泡在热水里多久，水对茶包都起不了作用，茶包对水也不会有任何影响。

但是，实际情况并不是这样的，不是吗？如果按下电灯按钮，灯泡就会亮。如果把茶包浸泡在热水里几分钟，就会有一杯美味的茶。所以，回到之前的问题，我们是不是真实的呢？念头和感觉是不是真实的呢？这个大厅是不是真实的呢？从某个角度来说，我们可以回答“是的”，因为我们体验到了这些现象；从另一个角度来说，我们可以回答“不是”，因为如果深入观察这些体验，我们找不到任何事物是本来就存在的。念头、感觉、椅子、红番椒、在杂货店排队的人，甚至是杂货店本身，我们都只能通过跟其他的人、事、物比较才能定义它们。由于许多不同的因缘组合，这些人、事、物才会出现在我们的体验中。当人、事、物与其他因缘“碰撞”，这些因缘又与其他因缘“碰撞”，如此继续下去，人、事、物就会一直变动，而且持续地改变。

所以，就空性的观点而言，我们不能说所体验的事物是本来就存在的；但另一方面也可以说，所有的体验都是由暂时的因缘碰撞而产生的，因此，没有一件事物“不是”空性。换句话说，所有体验到的根本本质或“究竟实相”都是空性。“究竟”并不是暗喻事物是坚实的或恒常的。空性无法用特性下定义：它不是空无一物，也不是空空如也。空性具有宽广无边的潜能，任何体验都能在其中出现或消失——就像水晶球能够反射各种颜色，然而它本身却是无色的。

那么，这对于“体验者”意味着什么呢？

看着海浪的起伏，却不影响海洋的本质

毕竟空，就是具足一切。

——詹姆斯·道格拉斯，《抵抗与沉思：解放之路》（*Resistance and Contemplation: The Way of Liberation*）

如果没有感受力，我们就无法体验现象中的惊奇和恐惧。所有的念头、感觉和日常生活的遭遇，都源自我们的基本能力，因此我们能体验一切。“佛性”的特质就像是智慧、能力和慈悲，佛陀和追随他的大师们，形容这些特质是“无限的”“无穷的”和“无量的”。佛性的特质是超越概念，但充满所有的可能性。换句话说，佛性的本质就是空性。

但是，这不是如僵尸般的空性。明性，即基本的觉性，让我们能辨认现象，它也是佛性的基本特性，与空性是不可分的。当念头、感觉、感官知觉出现时，我们察觉到它们的出现。体验和体验的人是完全相同的。“我”和“我的经验”同时发生，“他人”和“觉知到他人”，或“车子”和“觉知到车子”也是相同的。

有些心理学家认为这是“纯真的觉受”，即不受期望或判别捆缚的赤裸觉性，例如你参访一些宏伟地方的前一刹那，它会自然涌

现，像优胜美地国家公园、喜马拉雅山或布达拉宫。这些地方景观很优美，置身其间的那一瞬间，你不会去区分“我”和“我所看到的事物”，那个当下只有“看”。

若要获得“纯真的觉受”，就必须设法消除、压抑或摆脱相对的观点，以及摆脱支撑相对观点的希望、恐惧和其他成分，这是对佛法的误解。相对的觉受是佛性的展现，就像相对实相是究竟实相的展现一样。念头、情绪和感官知觉，就像蕴含无限可能的无垠海洋中的起伏浪花。我们通常习惯只看到海浪，而且将海浪错认为海洋。如果我们每次看到海浪，能更注意海洋，我们的焦点就会转移，我们开始跟海洋而不是海浪融为一体。看着海浪的起伏，却不影响海洋的本质。

只有当我们真正开始去看的时候，才会产生这样的体验。

不光认识体验，同时也认识体验者

一再一再地让自己努力去断除。

——第九世噶玛巴，《大手印：了义海》

佛陀非常巧妙地提出痛苦的“疗愈计划”。虽然在“四圣谛”之中，并没有直接探讨“空性”和“佛性”，他却明白指出，培养对痛苦和痛苦成因的认识，这样的认识有时可解释为“相对的智慧”。然而，这“相对的智慧”终究会引领大家到达“究竟的智慧”——深入洞悉实相，不光是认识体验，同时也认识体验者。

相对的智慧，就是有限的认识以及局限的信念和行为，只是通往“灭谛”的一部分，可称为“准备阶段”。为了要真正斩断我们附加在自己身上的限制，我们需要花点时间观察自己内心的习性，跟它交朋友，如此一来，我们就会在最艰困的体验中发现威猛的保镖伙伴。

前几章通过检验念头、感觉和情境的方法，我们可以体会到一些益处。接下来第二部将更深入、更详细地介绍三种转化的“工具”，借此我们可以欣然接受生命的困境和改变，并发现内在的勇气、智慧和喜悦的种子。于是，开花结果就会自然地发生。

第二部　开放自心

为了引导我的弟子，

我教导了许多不同的方法。

——《楞伽经》——

| 第六章 |

转化的工具

我们有一部美丽的车子，却不知如何驾驶。

——波卡仁波切，《给初机者的禅修指导》(*Meditation:Advice to Beginners*)

有句古老的佛教谚语是这么说的：“鸟需双翼，才能飞翔。”其中一边的翅膀，就是了解痛苦、佛性和空性等的教义，也就是前面章节谈到的“相对智慧”，通过分析体验来了解事物。但是，“相对智慧”只是转化之道的起点，我们必须“应用”才能融入自己的生命。

“应用”就是“方法”，是鸟的另一边翅膀，也就是工具或步骤，将“相对的智慧”转化为超越主体与客体、自己与他人，或善与恶的“真正解脱体验”。

阿难给我们的启示

从“阿难的故事”带来的启示，我们就会清楚知道结合“智慧”与“方法”是很重要的。

阿难是佛陀的堂弟，后来成为佛陀最亲近的随从。阿难竭尽所能让佛陀有最舒适的环境，不管佛陀到哪里，他都设法让佛陀有好的饮食和休息环境，他不会让佛陀受到一点风吹日晒。阿难的记忆力也很好，能逐字背诵佛陀的教导。阿难曾经请求佛陀："无论您向谁开示，请让我在一旁聆听。"当然，佛陀同意了他的请求。

阿难只有一个小缺点：他能够复诵佛陀的教法，但是，他没有花很多的时间练习。

不过，他的另一位同修大迦叶，不仅听闻教法，也将所学放入实修，后来，他证得了与佛陀同等的解脱和明光。佛陀圆寂前，指定大迦叶为他的主要传承持有者，也就是说，这个人不仅可以传递"教法"，也能够传递真正解脱的"体悟"给别人。

佛陀接着说："在你之后，阿难就可以成为我的主要传承持有者。"大迦叶接受了佛陀的指示，但是他心想："阿难很少实修，我要如何才能帮助他呢？"

他在思考这个问题时，心中浮现了一条妙计。佛陀圆寂之后，用现代话来说，大迦叶"开除"了阿难。"请你离开。"大迦叶说，"因为佛陀在世时，你不尊重他，你犯了许多错误。"

阿难很难过，心想："佛陀在世的时候，我是重要人物，现在大迦叶居然要开除我！"

于是，阿难离开了，他前往印度另一个地区，那里有许多人听过佛陀，他们也想要学习更深入的教法。阿难开始在那里讲学，他的弟子们实修了他所说的教法，许多人因此证得了自心的解脱——直接、清晰觉性的体验，但不改变体验者的本质，这是佛陀证得的境界。然而，阿难还是没有努力实修。

后来，阿难的一位弟子，在禅定中看到阿难的心，他知道阿难还没有证悟。于是，这位弟子对阿难说："老师，请您禅修！您还没有解脱。"

阿难立刻变得忐忑不安，心想："连我弟子的成就都超越我了。"

最后，他坐在树下，开始修持他学过的教法，最后证得了解脱和随之而来的喜悦。开悟之后，他明白了大迦叶当时为什么要"开除"他。不久之后，他回去见大迦叶。大迦叶为阿难的开悟举行了盛大的庆祝仪式，并正式认可阿难是佛陀教法的第二位主要传承持有者。

修持的三个步骤

我们的心……全是迷惑和怀疑。

——索甲仁波切，《西藏生死书》

根据最传统的佛教典籍的教导，要证得解脱，需要三个步骤：听闻、思维和禅修。前两个步骤，跟现代教育原理没有太大的差异。

一、听闻

听闻，主要的意思是，由老师口述给学生，或是自己从书上得到新知识或启发。我在巡回讲学途中遇过许多教职人员，他们认为听闻是初级学习阶段，相当于将基本原理教给学生，例如乘法运算表、文法规则或驾驶守则。

二、思维

这是修持的第二个步骤，听起来好像很神秘，不过，主要是指深入思考从阅读和听闻而来的教导，并探究这些教导是否能用来正确理解和反映生活事件。有些事情并不需要投入太多思维，比如九乘以九等于八十一，或看到“停”的交通标志就必须刹车，停下来看看有没有行人要穿越马路或有没有车子靠近。不过，如果是比较大的事件，例如思考你的生命是否受到各种程度的不安或痛苦的影响或牵制，就需要多费心思。

思考这类较大的问题，可以从简单的问题开始：“我现在自在满足吗？我现在坐在这张椅子上，头上有天花板的灯，耳朵可以听到周遭的声音，我觉得舒适吗？”你不需要伟大的分析，也不需要冗长的检视。这个步骤是：检验“你在当下此地活着”的感觉。

下一步，你可以继续问，经常或偶尔让你注意到的念头和情绪是什么？你是不是有时候会后悔过去的决定？你对于最近碰到的某人或目前个人或工作上的责任，是否感到生气或愤恨不平？

这一类问题并不涉及道德考虑，只是单纯地从一开始就让我们去思考自己是否体验到理智、情绪或身体的不安：你的体验是不是呼应了“四圣谛”？“我觉得不舒服吗？”“我觉得不满足吗？”“我想要从生命中得到更多的东西吗？”拟问题的时候，不必在意用字遣词。你所要观察的，就是我老师说的“个人体验的直接或清新的本质”。

三、禅修

这是第三个修持步骤，要我们一开始就以单纯、不带批判的态度观察自己的身体、理智和情绪。就佛教传统而言，不带批判地观察，就是禅修的基础。当然，许多文化已经发展出各自禅修的特定形式，每个修持都符合各自的文化背景。不过，由于我所受的训练都是佛教传统的修持，因此我无法解释其他传统和文化的修持细节。

随着佛教传扬到其他国家，许多伟大的佛法老师将佛陀的修持方法淬炼得更为完整和精确。其实，这些修持方法的基础，就是不带批判地观察自己的体验。“二十年前，我干了一堆糊涂事，后悔也没有用，当时我只不过是个孩子！”如果你能观察这样的念头，那也是禅修。这个练习，是单纯观察体验中生起和消失的念头、情绪和身体的感觉。

这就是修持。

多年前，有一位西方男士来到智慧林。这座寺院的住持是尊贵的大司徒仁波切，他也是藏传佛教最有影响力的老师之一。当时他正在指导禅修和空性，这位西方男士大概是在禅修课的时候不专心或打瞌睡。可是，当大司徒仁波切开始讲授空性的时候，他突然聚精会神，并且心想：“我需要摆脱‘我’。如果摆脱‘我’，我就会了悟空性，我就能够解脱，我就不会再有问题，不再有痛苦。所以，从现在起我不要再说‘我’。”

当他告诉大司徒仁波切他的解决办法之后，仁波切告诉他：“这么做是没有用的。‘我’并不是问题。如果要了悟空性，你必须观察‘我’的根源，也就是无明、执着……”但是，这位男士无法接受仁波切的建议。他真的相信自己的速成法比佛陀教导的任何旧方法都要更快速有效。

所以，他开始不说“我”，他本来应该说“我要上床睡觉”，现在他会说“上床睡觉”。如果他要去附近的小镇比哈，他会说：“去比哈。”他这样做了一年后，整个人疯了。他没有体悟到空性，也没有斩断苦因的根源，他只是假装自己是不存在的。

我不知道他离开智慧林之后变得如何，但是他的速成法显然行不通。事实上，他的问题反映了大家对佛法的普遍误解——如果要解脱，就必须摆脱现今常被提到的“自我”。

我最近才知道，弗洛伊德原本所说的“心的意识层面”，被误译为“自我”（ego）。“心的意识层面”包含了决定、计划和分析信息等，这些功能携手合作去平衡我们在孩童阶段烙在心中的贪婪与嗔恨的本能倾向、记忆、思想和习性，以及发生在周遭的情况与事件。在弗洛伊德的原著中，他谈到这些功能就是“我”，也就是从这个微妙的平衡行为中产生的“我”的感觉，后来的翻译用“自我”来取代，这是为了让 20 世纪中叶的科学界[①]更能接受弗洛伊德的见解。

这些年来，“自我”和与“自我”有关的名词累积了很多坏名声。也许有人会说：“噢！他是很自大的人。”“对不起，我只不过是很自

① 《弗洛伊德与人的灵魂》（*Freud and Man's Soul*，Bruno Bettelheim，New York:Alfred A. Knopf, lnc.），1982 年。

我中心。”“自我”的负面含义已经蔓延到佛法许多的典籍和翻译中。

然而，就佛法而言，当我们去体验和运用“我”或“自我”的感觉时，本来就不是错误或负面的行为。“自我”纯粹是一套功能，协助我们在相对实相的领域中行驶。我们也许会责怪自己拥有了手和脚，当执着手脚或自我是连接体验的“唯一”方法时，我们就会遭遇困难，这种困难就好像我们只能用手脚去体验事物。多数人应该都同意手脚不是自我，可是，就算切除了手脚也不是自我，因为身体其他部位也不能代表整个我以及我的体验。

同样地，虽然“自我”“我”或“自我的感觉”存在于更细微的层次，但是，我们并不需要隔绝或切除它，却可以视它为一个或一组工具，帮助我们连接体验。

用心看着心

当然，我们不可能在明天早晨醒来时，就突然跟自己说：“噢！今天我要看待生命中的一切现象，都只是互为缘起的暂时聚合。”智慧必须经过实际运用，才能融入个人的生命。

多数人都坦承自己有某种程度的不安或其他情绪，我们的体验多多少少会受到自心的影响。但是，我们倾向卡在那个当下——不是试图改变我们的心，就是被念头、情绪、压力等完全掌控。

第三种选择，是佛陀提出的方法：单纯地看着各种念头、情绪等都是自心无限潜能的各种展现。换句话说，就是用“心”看着“心”。在佛教传统中，这就是“禅修”的基本定义。我们之前提到，

“禅修”的藏文是“巩”（gom），意思是“逐渐熟悉”，通过禅修，我们逐渐熟悉自己的心。

“心”就好像我们跟自己和周遭的关系：过于紧密，以至于一开始很难发现。我的一位老师说：“看着心，就像没有镜子而想要看到自己的脸。”你知道自己有一张脸，却不太清楚自己的长相。我们对脸的印象不断改变，因为受到我们的心态、情绪和习性的层层障碍的影响。

同样地，我们清楚自己有一颗心，然而这颗心被“念头、感觉和感官知觉”，对于“念头、感觉和感官知觉”的想法和感觉，对于“念头、感觉和感官知觉的想法”的想法、感觉和感官知觉等层层堆叠，就像高速公路的连环车祸，心的特质因此变得模糊不清。

“我一定要听这堂空性课，我听得不够认真，我永远学不会。其他人好像都在听讲，他们也都听得懂，为什么我听不懂呢？因为我的背在痛，而且睡眠不足，但那应该不会影响才对啊？究竟上，我的心是空性的，我的背痛是空性的，但是，我无法体验这种感觉。我觉得这些都不是空性的。”在这些念头之间，又生起了完全不相干的念头：“我的手机放在哪里？”或者回想起某件事：“十年前我说的那句蠢话，到现在还是不敢相信自己当时会那么说。”或产生强烈的渴望：“我现在就想吃一块巧克力。”

这颗心一直在运作：分辨、评估和根据评估再次分辨，根据新的或心中琢磨过的特性又重新评估。我们会发现自己沉迷于其中，这就好像我们很自然会从窗户看到繁忙街道的来往车辆。就算我们住的那条街来往的车子不多，我们还是习惯去看点什么，观察窗外的天气：下雪了吗？下雨了吗？天空是多云还是晴朗呢？我们从每一扇窗户去观察家里的前院、后院、车道和邻居。

因为“从窗户看出去”以及“根据所见事物来定义体验”的习气，导致我们不明白其实是窗户让我们能够看到景色。心转向内看着心时，就像是看着窗户而不是注视窗外的风景。这么做时，我们会逐渐了解窗户和窗外的景色是同时发生的。如果我们从窗户的某个角度看出去，我们可能会看到路上行驶的车辆、云、雨等；如果再从别的角度看出去，就会看到一些不同：云比较明亮或比较暗沉，车子比较大或比较小。

我们如果退后一步看整扇窗户，就会了解这些有限的、有角度的观点，只不过是宽广的全景的不同面向。

佛陀在两千五百年前提出了许多修持方法，帮助我们退后一步观察自心。本书接下来会介绍三种最重要的基本方法，无论你是不是佛教徒，你都能在任何时间、地点练习这些方法。在这之前，我们先检视一些基本的指导原则，这样应该会有帮助。

驯服你的马（身体）

心要止静，就必须训练身体（为令心住，需依幻轮调身）。

——第九世噶玛巴，《大手印：了义海》

我小时候很喜欢暗中观察父亲和他的学生，尤其是他们在禅修的时候。父亲在一间有木梁的小教室教学，无论房内挤了多少人

（通常都很拥挤），深层的平静和稳定感溢满了整个房间。我注意到大部分人都以特定的姿势坐着：双脚交叉、双手放在大腿或膝盖上、背部挺直、双眼半合、嘴巴微张。小时候每当我跑到山洞时，我也假装自己在禅修。我会模仿那个坐姿，即使当时我还不了解那个特定坐姿的必要性。

当我开始领受正式指导时，我学到一个譬喻，这是世代的藏传佛教老师传授给弟子的教导：禅修就好像是骑士与马的关系。"骑士"是心，"马"是身体。沉静的骑士能安抚难驯的马，个性稳定的马也能抚慰焦躁的骑士。

刚开始学习禅修的人，心就像焦躁的骑士。有时候很烦躁，心在念头、情绪和感官知觉之间跳来跳去。有时候骑士因为应接不暇而变得迟钝、无法专注或精疲力竭。所以，尤其是一开始，以既放松又警觉的姿势坐好是很重要的。太放松的话，"马"可能会停下来吃草；太警觉的话，"马"会受到环境或"骑士"的情绪和个性影响。我们需要找到"身体的平衡"：不过于松散，也不过于警觉、紧绷。在开始骑马前，我们必须先驯服它。

毗卢遮那七支坐法

驯服的方法可分为正式和非正式两种。正式的方法就是七个要点，也就是在身体的禅修姿势上，这是几个世纪以来广为人知的毗卢遮那七支坐法。"毗卢遮那"是梵文，可译为"显明者"或"太阳"，指的是我们能够"点燃"体悟，而非"点燃"想法或概念。

（一）双脚跏趺坐（双盘、单盘或散盘）：这是第一个要点，建立一个稳固的基础或支撑，这会帮助你跟当下修持的环境产生联系，同时为身体的其他部位提供参考点。可能的话，两腿“双盘”，也就是让双脚分别放在另一边的腿上。如果你做不到，就让其中一只脚交叉放在另一边的腿上，而另一只脚放在它另一边腿的下方，这叫“单盘”。如果这两种方法都不行，就只要交叉双腿就可以了，这叫“散盘”。如果你觉得在地板或垫子上，甚至是沙发或床上交叉双腿都很困难的话，你可以双脚平跪在地板或垫子上。如果你的脚或腿摆的位置跟教室其他人不太一样的话，不必担心。这个姿势的目的，只是要让你有一个既舒服又稳固的身体基础，让你体会到当下此地所保持如实的状态：不会太紧绷，也不会太松散。

（二）手结禅定印：这是第二个要点，双手放在大腿上，其中一手的手背放在另外一边的膝盖上会比较难。有人需要把手放在大腿上，有人需要把手放在小腿的位置。不管你的手怎么摆，这里的意思是：让双手“休息”。

（三）肩臂如鹰扬（肩膀与双臂，像老鹰的翅膀般松弛而舒展）：第三个要点是双臂和上半身保持一点间隙，肩膀稍微抬高并展开。有些传统佛教典籍解释双肩抬高“如同老鹰的翅膀”，这种说法经常让人误解，以为肩膀必须耸高到耳朵的位置。事实上，这样反而绷得很紧，而且这种姿势也很难持续，尤其是手臂粗壮和肌肉结实的人，他们的手臂跟上半身很贴近。他们会说：“空隙在哪里？我找不到，我非得要制造一些空隙才行。”

第三个要点的重点，是让自己单纯地呼吸。就字面来看，呼吸指的是吸气和吐气，象征的是接受和放下体验的能力。我们坐着、站着和走路的时候，肩膀多半是下垂或收缩的，肺因而无法舒展，我们也就无法做深长的呼吸，我们的觉性也就此垮掉，于是我们无法接受或放下全面的体验。抬高并扩展肩膀，就像为一个深长的呼吸或体验做预备，这像是说："呼吸，你好！你今天好吗？你现在走了，但是我很确定你会再回来。"

（四）背脊直如箭（背部愈直愈好）：这是第四个要点。这是"警觉"最明显的身体表现："我在这里！我是醒着的！我是活着的！"但是，我要再次提醒大家，平衡很重要，不要僵直到身体几乎向后倾，也不要放松到懒散的状态，就像传统典籍所说的："挺直脊椎有如弓箭。"

（五）下巴微内收：第五个要点其实是关于脖子的。这些年在全球讲学，我注意到各个文化族群发展出一些奇怪的习性。亚洲的学生习惯下巴用力往胸膛弯曲，紧张地皱着眉头，什么都压抑在内心。他们看起来像"禅修战士"，不准任何一个念头干扰他们的心。西方的修行人脖子习惯后仰，后脑勺几乎要碰到肩膀，露出喉咙和明显的笑容，好像在跟世界宣告："我非常平静和放松！我的体验很清明、很喜悦，充满喜乐！"藏地人呢，包括我自己在内，脑袋左摇右晃，上身不断左右摆动，好像找不到舒服的姿势："也许是这样，也许是那样，我不知道哪一种比较好。"

其实，真正的姿势是，借由下巴稍微收往喉咙来延展脖子，比你平常习惯的角度大一点，但脖子还是可以稍微转动的。这个感觉可以说就是：单纯地让头放在脖子上。

（六）唇自然放松：第六个要点是关于嘴巴的，包括嘴唇、牙齿、舌头和上颚。如果仔细观察就会发现，禅修的时候，我们习惯紧闭嘴巴，嘴唇、牙齿、舌头和上颚紧紧的，一副"没我允许，什么都不准进出”的样子。我这么说，并不是要强迫自己张开嘴巴，然后心里想：“现在我会得到平静，现在我会开放……”其实“紧闭”和“刻意张开”这两种情况，都有点紧绷。单纯地让嘴巴保持自然，就好像睡着的时候，嘴巴也许会微微张开，也许会完全闭起来，总之不要强迫。

（七）眼看着前方：最后一个要点跟眼睛有关。初学禅修的人，有时候会觉得闭上眼睛比较容易感觉到宁静或稳定。一开始这么做是可以的。不过，根据我的经验，闭眼睛比较容易变得松散，接着就开始漫不经心或变迟钝，有些人甚至会睡着。所以，禅修一阵子后，最好是睁开眼睛，这样你就可以维持警觉和清明。这不是说你要不眨眼地直直瞪着前方，而是保持轻松，否则就像是太用力地把后背挺直而导致脊柱向后弯。只要单纯地睁开眼睛，就像平常白天那样。

这时候，眼睛最好注视一个焦点，这就不会让眼睛始终漫无目的从一个体验转移到另一个体验——“噢！前面那个人挡住了我看明就仁波切的视线。”“现在进门的那个人是谁？”“我们不是应该要禅修吗？那些在窃窃私语的人是谁啊？”“是雨打在窗户上了吗？”“我的狗或猫来了，它要去哪里？它要吃东西还是喝水？”

不过，不需要执着特定焦点。有时候目光焦点可以稍微往下，就像在凝视鼻子，有时候可以直视前方，有时候可以稍微往上看。重点在于选择一个焦点，一个固定的视线，我们还是会看到许多外境的变化，但不会受到干扰。

二支坐法

另外还有一种简短的二支坐法，有时适用于不适合禅坐（例如开车、做饭、买菜）或身体无法采取正式的七支坐法的人。二支坐法很简单：后背挺直，肌肉放松。二支坐法就像七支坐法一样，重点在于培养放松和警觉之间的平衡，既不太松，也不太紧，介于两者之间。

这两种“驯马”的方法，都是为了帮助我们对治普遍习惯的弯腰驼背。这种姿势挤压到肺和消化器官，束缚了身体所有的能力。当我们的心——“骑士”，开始分心、漫不经心或执着见解时，这些方法帮助我们以身体为参考点，将觉性带回当下的体验。就我个人的经验来说，在一次禅修中，放松身体，是把我们“带回当下”的一个好方法，因为我们可以认出肌肉或身体其他部位的紧绷感，这帮助我们认出：当内心习性与恐惧、欲望和各种贪着紧密相连时，就会产生“我”的感觉，并区别出“不是我”的一切。

使身体处于平衡，有助于气、脉、明点三种体验的均衡，这就是梵文的“普拉那”（prana）、“那迪”（nadi）和“宾度”（bindu），或是藏文的“咙”（lung）、“扎”（tsa）和“剔列”（tigle）。气，即“普拉那”和“咙”，指的是保持生命体活动的“能量”；脉，即“那迪”和“扎”，是让能量移动的“管道”；明点，即“宾度”和“剔列”，是指在脉中能推动生命精华的“滴”或“点”。

我们以身体来比喻——明点，就是“宾度”和“剔列”，就像“血细胞”；脉，就是“那迪”和“扎”，就像是动脉、血管和毛细血管，通过它们，血液能够流到肌肉和各个器官；气，就是“普拉那”

和“咙”，好比是能量，通过血管、动脉和毛细血管，向心输送血液。气、脉、明点统一协作，如果任一种滞塞或受限制，另一种运动也相应滞塞或受限制。如果因肾上腺素输入而受限制，明点就无法在脉中通行无阻。

从微细的层次来看，气、脉和明点是心的不同面向。明点，是概念（“我”“你”“我喜欢什么”“我不喜欢什么”）的聚集；脉，将这些概念串联起来；气，是让这些概念移动和流动的能量。身体和气、脉、明点的微细层面是相关的。如果身体保持平衡，我们就为自己打开了身体微细层面的可能性。换句话说，先驯服“马”，就提供了调伏“骑士”的身体基础。

调伏骑士（你的心）

安住如海上波涛的涌动。

——蒋贡·康楚仁波切，《生起与圆满》(*Creation and Completion*)

让身体处于放松与警觉之间的原理，也可运用在内心的平衡上：既不过于松散，也不过于紧绷。当你的心在放松与警觉之间能够自然地平衡，自心的潜力就会自然而然地出现。

我在讲学的时候，会用很简单的比喻解释“平衡”。我会表演口渴想喝面前那杯水时的三种不同拿水杯的方法。

首先，我会很努力地将手靠近水杯，我告诉自己：“我一定要拿到水杯，我一定要把杯子拿到嘴边，我一定要喝点水，否则会渴死。”但是，我的手、手臂和“意图”都太用力，导致我的手根本无法拿到前面的杯子，所以，我喝不到水。即使我想尽办法拿到手，又因为手抖得太厉害了，在杯子靠近嘴巴之前，水就已经撒出来了。这就是太紧绷的例子：太想要一样事物，这种拼命的心态反而阻碍了目的的达成。

接着，我会示范一种相反的情况。我几乎没有抬起手，懒洋洋地跟自己说：“噢！我想要喝点水，但是，我就是不想要伸手拿杯子……杯子太远了，而且很费力。我过一会儿再喝，也许是今晚，也许是等一下。”这是过于松散的例子：你无法取得，因为你觉得很费力。

最后，我示范了中庸的方法。“那里有一杯水。”我说，“只要把手放轻松，往前移，拿起水杯，然后喝下去。”

就像是身体的姿势，心的“姿势”的基本要点就是找到“平衡”。如果你的心太紧绷或太专注，你最后会对自己是不是一个“好”禅修者感到焦虑——“我一定要看着自心。”“我一定要看到整片窗户。如果我没有成功，就会一事无成。”

如果你的心太松散，就会被散乱牵着走，或陷入昏沉之中——“噢！我应该要禅修，但是，这要占用很多时间。”“是啊！是啊！有个想法，有个感觉，有个感官知觉，但是，这有什么好在意的呢？反正它会再回来的。”

理想的禅修方法介于两个极端之间——“嗯，有个想法，有个感觉，有个感官知觉……”“噢！现在它走了。”“噢！现在它回来了。”“噢！现在它又走了，现在它回来了。”

我们可以将这些出现和消失当作游戏，就像小孩子欣赏云朵的心态。“你看到了什么？”有个孩子大声问。“我看到一条龙。”另一个孩子回答。其他孩子会加入各自的想法。“我看到一匹马！”“我看到一只鸟！”另外有个愤世嫉俗的孩子只是单纯地看，并说：“我什么都没看到，只看到了云。”

不过，在一开始，“游戏”时间不要太长，这是很重要的——根据传统的佛教典籍，玩耍的时间只需要是吞一口食物、啜一口茶，或是两三步穿过房间所需要的时间就好。当然，就像咀嚼许多口才能吃完一盘食物，啜饮许多口才能喝完一杯茶，走许多步才能穿过房间，这些短时间的游戏，可以在一天内重复多次。

用这种方式练习，禅修就会成为日常生活的一部分，而不是因为“这对你是好的”你才这么做。当你练习了一段时间之后，你会发现要持续较长时间的禅修就比较容易——你会期待听闻、思维、禅修三个基本修持，你不是在履行义务，而是觉得趣味十足。

| 第七章 |

专注力的修持

想要看到山的另一面，必须先看山的这一面（若观对山，由此山示）。

——第九世噶玛巴，《大手印：了义海》

任由心自由发展的话，它就像一只好动的小鸟，总是在树林间飞来飞去，或从树枝上俯冲到地面，然后又飞到另一棵树上。在这个比喻中，树枝、地面和另一棵树，代表五种感知以及念头和情绪对我们的索求。它们看似有趣，其实有着强大的吸引力。我们的内心和周遭“总是”有事发生，所以，可怜好动的小鸟就很难平静下来。难怪我遇到那么多人在抱怨，他们大部分的时间都处在压力之下。这种飞来飞去的情况，发生在感知超载以及念头和情绪需要关注的情况下，导致我们很难保持放松和专注。

我小时候学到的第一堂基本修持课，就是多数老师会教给初学的学生的——让小鸟平静下来。

在梵文中，这个修持就是“奢摩他”（shamatha，即“止禅”）；在藏文中，就是“息内”（shinay，也是“止禅”）。“奢摩”（shama）和“息”（shi）有很多含义，即让内心、情绪和感官刺激归于“平静”“安住”“冷静”，这就是现代人说的“静下来”。梵文的“他”（tha）跟藏文的“内”（nay），意思是“停驻”或“停留”。换句话说，“奢摩他”或“息内”的意思就是处于休息或“静下来”的状态，让小鸟在树枝上坐一会儿。

大部分人看事物、听声音，或观察念头和情绪都带有判别。这种判别可以从三种基本“树枝”来了解：“我喜欢的”树枝、“我不喜欢的”树枝，或“我不知道的”树枝。每一根树枝再分出更小的树枝：“好的”树枝、“坏的”树枝、“令人愉悦的”树枝、“令人讨厌的”树枝、“我喜欢它是因为……”的树枝、“我不喜欢它是因为……”的树枝、“可能是好的或坏的”树枝、“可能是美好的或不美好的”树枝、“既好又坏、既令人愉悦也惹人厌烦的”树枝、“既不好也不坏、既不令人愉悦也不惹人厌烦的”树枝。小鸟被这些树枝吸引，并且在其中飞来飞去，一一勘查。

“奢摩他”和“息内”的修持，就是无论我们停在哪根树枝并看到了什么，放下判别和见解，就只是“看”。也许我们看到了树枝和树叶的遮障，但是，这时我们不必为了要有更好的视野而在树林间穿梭，只是看着每一根树枝和每一片叶子，注意它们的形状和颜色。我们只停在一根树枝上。以这种方式去注意体验时，我们就能从单纯看的体验中区分出我们的判别和见解。

这个修持蕴含甚深的含义，帮助我们面对日常遭遇的麻烦情绪与问题。我们的体验多半会受到我们坐的那根树枝与前方树枝遮障的影响。但是，如果只是直观我们的体验，我们就能如实看着每根树枝、每片叶子，以及我们的见解和判别——不会混在一起，而是了了分明的体验。在停歇的时候，只要意识到自己不只对于经过的习惯想法、情绪和感官知觉的反应敞开胸怀，同时也对各个出现的体验做出清新的回应。

这个单纯的觉性，是佛性的明性展现："观察"以及"知道正在观察"的能力，没有任何概念附加和覆盖视线。我们能够认出"我喜欢""我不喜欢"等概念，就像我们能区分树枝、叶子或花朵。明性是无限的，所以我们一次能掌握所有不同的事物，而且不会将它们混淆。事实上，即使我们没有刻意留意它，明性仍然一直在运作，像是意识到饥饿和疲累、认出塞车、区分辣椒粉和奶酪。没有明性就无法思考、感觉或感知事物。"奢摩他"和"息内"的修持，帮助我们开展并体会自身的本然明性。

"奢摩他"和"息内"的修持方法有很多种。这些年来，许多人向我请求循序渐进的指导。"我应该先做什么呢？"他们问，"我下一步应该做什么？"本书接下来的内容，将按部就班地讲述每个基本修持的方法。

步骤一：不专注在特定的地方或体验

最基本的专注方法，就是"无所缘"——不专注在特定的地方或体验，只是看着并惊叹来来去去的全景。最近我在巴西里约热内卢，经常去附近一座高大的山丘爬山，山上遍布了类似丛林的植物和树木，结满了累累果实。爬到半山腰时，我觉得很累，我被淹没在酷热、湿气、高度和各种树叶之中。山上有些地方有木椅和长凳，于是我坐在椅子上休息，单纯地觉察身体的疲累和周遭的环境。

你不需要去里约热内卢爬山，就能体会这种“敞开的放松和觉性”。当你洗完一堆碗盘之后，你就能有这种体会。洗完碗盘后，你会坐在椅子上大叹一口气，“啊”。你的身体很累，但是，心很平静，完全地敞开，彻底地静止，沉浸在“啊”这个当下。也许你的小孩在隔壁房间发出噪音，也许你正在看电视，电视的画面不断切换，广告不断插进来。但是，没有什么能打断你“啊”的感觉。念头、情绪和感官知觉来来去去，但是，你只是看着它们。

当你安住在“啊”时，你轻柔地，或是像佛教传统所说的“赤裸裸”地注意着念头、情绪和感官知觉，当下单纯地敞开。过去（洗碗盘或去爬山）已经过去了，未来（更多的碗盘、更多的丛林、付账单或管教小孩）尚未到来。当下此地，只有眼前的“啊”。

这就是让心安住于“无所缘”的方法，这就好像你刚完成一项繁重艰难的工作。你只要放下且放松，不需要阻止任何念头、情绪或感官知觉的生起，也不必追随它们。安住在当下的“啊”。如果念头、情绪或感官知觉生起，单纯地觉察它们就行了。

“无所缘”，并非只是让心漫无目的地游荡在幻想、记忆或白日梦之中。你并没有特别凝视在一个事物上，但是，你仍然觉察着当下此地发生的一切。举个例子，我最近在美国丹佛机场短暂停留，我看到很多接驳列车沿着车顶的轨道前行，列车把乘客送往不同的航空站，以及各个航空站不同的地方。我坐在椅子上，看着列车来来往往，满足地看着它们“只不过是经过觉性的显相”。我并不需要起身追随每一班列车，也不必疑惑地想：“它要往哪里去？它从哪里来？从它的出发地到目的地要多久？”当下我只是看着列车经过。

修持“无所缘禅修”时，其实是让心安住在它本具的明性中，不受经过的念头、情绪和感官知觉的影响。本具明性一直与我们同在，就像虚空一直是存在的。“无所缘”就像是让我们觉察到面前的树枝和叶子的同时，先认出让我们能够“看到”树枝和叶子的虚空；念头、情绪和感官知觉，在觉性中变化和颤动，就像树枝和叶子在虚空中变化和颤动。此外，就像虚空并不是由经过它的物体来定义，觉性也不是由它所觉知到的念头、情绪和感官知觉来定义和限制。觉性，单纯就是“如是”。

“无所缘禅修”需要安住在“如是”的状态中。当念头、情绪和显相等在“虚空”之前或在其中出现时，我们就是单纯地看着它们。有些人觉得这个修持就像洗完碗盘之后，坐在椅子上休息一样容易，但有些人觉得很难，以前我也觉得很难。每当父亲和其他老师要向我解释“无所缘禅修”时，我都觉得很困惑，而且有点生气。我不能明白怎么可能只是看着任何正在发生的事情而当作好像在看电影，或者，如同许多佛教典籍所说的“池中的月亮倒影”。当我极度焦虑时，我的念头、情绪和感官知觉看起来并不像什么倒影啊！它们看起来非常可怕、非常真实。幸好我们还可以用其他的步骤，引导我们通过“单纯觉察”的过程。

步骤二：专注于色相

具有身形的众生，多半的体验都通过五种感知——看、听、闻、尝与触进行。因为五种感知器官，或是大部分佛教典籍提到的“根识”，只能记录感官知觉，因此，佛教提出了第六种感知，也就是

"意识"。第六种感知，或称第六识，不应该跟超感官知觉混为一谈，因为"超感官知觉"指的是能预知未来的能力或其他神秘的能力。"意识"比较类似神经学上的概念，它能接收来自感知的信息并加以组织，然后形成概念或内心的影像。

"意识"就像之前提到的好动的小鸟——从这根树枝飞到另一根，它在每根树枝上看风景。小鸟试图了解所接收的信息的含义，然后，就得做出反应。不过，教导小鸟稍做停歇，谨慎去专注其中一个感知是有可能的。该怎么做呢？

在一般体验的过程中，心习惯去注视感官的信息。然而，我们的感官所接收的信息，多半是散乱的。不过，因为我们是有身形的众生，如果试图完全摆脱我们的感官，或阻挡从感官所接收的信息，这必然是徒劳无益的。比较切实可行的做法是：跟信息交朋友，利用它作为让心平静的方法。

就我所学到的，建立友谊最简单的方法是，专注在一个"视觉对境"上，比如一朵玫瑰。"好的玫瑰""不好的玫瑰""我不知道的玫瑰"……我们怎么想或感觉并不重要。如果我们只是如是看着它，就能够开始将"我们的见解"与"单纯看的体验"分开。我们的见解本身并没有好、坏或不知道。但是，当这些见解与事物相撞时，我们的心就会散乱。我们会纳闷："这是好玫瑰还是坏玫瑰？我上次看到玫瑰是什么时候？"这只好动的小鸟从这根树枝飞到另一根，试图要"了解"这朵玫瑰。然而，在这里，玫瑰不是用来理解的，只是让人欣赏的。

运用视觉安住自心的方法，专门术语是"色相禅修法"。听起来有点吓人，对吧？严谨且精确。其实"色相禅修法"很简单，我们不自觉地整天都在做这个修持。当我们看着一样东西，像电视屏幕、水槽的脏碗盘，或杂货店里排在我们前面的人，“色相禅修法”纯粹是将不自觉的过程提升到自觉的层次。你只是赤裸专注地看着特定对境，好动的小鸟就会安歇在树枝上。

不管你选择注视什么对境——玫瑰、电视屏幕或杂货店里排在你前方付账的人，你会注意到对境有两个部分：形状与颜色。你可以专注在你比较喜欢的部分，焦点本身没有什么关系，有些人容易被形状吸引，有些人容易被颜色吸引。这个方法纯粹是把注意力放在物体的形状或颜色，觉察的程度只要能稍微辨识形状或颜色就可以了。你不需要刻意注视每个细节，那样做只会让你更紧绷，“色相禅修法”的重点是放松。保持专注，只要专注力足以维持对于所看对境的赤裸觉性即可。“视觉对境”提供的只是让心安住的参考点，扮演让小鸟停止在树林飞来飞去的角色——至少休息一下，并让它单纯地安住。

怎么练习呢？

首先，依你的环境而定，采取最方便和舒服的身体姿势。让你的心安住在“无所缘”一会儿，只要观察所有发生的念头、感官知觉等。然后，选择注视着一样东西——别人的头发颜色、他的发型，一朵玫瑰、一个桃子或一台计算机——只要把注意力放在对境上，注意它的形状或颜色。不需要死盯着它，需要眨眼就眨眼（事实上，如果不眨眼的话，你的眼睛会变干涩，那么无论你看到什么都会觉得很刺眼）。注视别人或某样事物片刻之后，让你的心再一次单纯地在“无所缘”中放松。接着，注意力再回到对境片刻，然后再一次让心放松。

每当我修持以“视觉对境”为安住自心的助缘时，我就会想起最初跟随父亲学习的一堂课。交替练习“有所缘”与前面提到的“无所缘”禅修，会带来极大的利益。当心安住在对境时，你认为对境跟你是不同的或分开的；但是，当我们放下所缘的对境，并单纯让心安住在赤裸专注时，我们会逐渐了解，无论看到什么，无论怎样看，都是由我们的念头、记忆组成，而且受到感官习性的局限的。换句话说，“所见到的事物”与“看见事物的心”并无不同。

步骤三：专注于声音

“专注于声音”跟“专注于色相”类似，不同的是，从“看”的感官，替换成“听”的感官。一开始，采用任何对你方便的姿势来驯服你的“马”（你的身体），你可以选择二支坐法或七支坐法。然后，花一点时间“调伏骑士”（你的心），也就是安住在“无所缘”之中，单纯敞开你的觉性，无论发生什么，不执着特定的事物。接下来，逐渐去察觉你附近的声音，如你的心跳或呼吸。你也可以专注在当前周围自然出现的声音，如雨“啪嗒啪嗒”打在窗户上、邻居家的电视和音响的声音、飞机在上空经过的轰轰声，甚至是好动的小鸟的叽叽喳喳声。

你既不需要辨识这些声音，也不需要注意特定的声音。事实上，只要觉察你听到什么声音比较容易。重点是，当声音触及你的听觉时，培养对声音单纯赤裸的觉性；就像视觉的对境一样，声音仅只是提供让心安住的焦点。

就像“色相禅修法”，你会发现当你的心开始四处游荡之前，你只能专注在周围的声音几秒钟。这并非有问题，而且是非常好！当你的心太松散时，四处游荡提供了某种信号（就像在禅修垫上弯腰驼背）。马带着骑士跑了，或骑士骑着马跑了。当你发觉心开始四处游荡，只要把你自己带回专注，然后注意力再次回到声音上。交替进行“对声音不动摇的专注”（有所缘）以及“单纯安住在放松状态中”（无所缘）两种练习。

“声音禅修法”的好处之一，是它能帮助我们逐渐脱离对听到的各种声音赋予意义。透过修持，我们能够学习对于听到的“内容”，不会产生不必要的情绪反应。随着我们愈来愈习惯，以赤裸专注倾听“声音纯粹就是声音”，我们会发现自己愈来愈能倾听别人对自己的批评，但不会生气和防卫；愈来愈能聆听别人对自己的赞美，但不会过于傲慢或兴奋。

有一位年轻人常来参加智慧林的大型法会，他来找我讨论声音带给他的困扰。“我很敏感！”他解释，“我需要宁静才能修持。我把窗户关起来，还用了耳塞，但是噪音还是一直出现，让我无法专心。尤其是晚上所有的狗一起狂吠时，我都快抓狂了！”（寺院附近有很多野狗，它们爱乱吠、爱打架，还要保卫自己的地盘。）那个人继续说，“我睡不着，就像我告诉你的，我对声音非常敏感。我真的很想参加今天的共修，但是，我昨晚没睡。我该怎么办呢？”

我指导他“声音禅修法”，运用声音获得专注并让心平静的方法。

隔天他回到我的房间告诉我："你的方法有点作用，但是，帮助不大。那些狗吵得我整晚不能睡。就像我跟你说的，我对声音很敏感。"

"唉！"我告诉他，"我能做的有限。我不能把狗杀了，也不能治愈你对声音的敏感。"

就在那时，引磬声响起，提醒大家修法的时间到了。修法是一种虔诚的团体仪式，类似其他宗教传统中的仪式。西藏的修法经常有鼓、号角、象征物和集体唱诵，这些声音都很大。这些乐音曾经引起我的焦虑和恐慌。后来，当我看了大殿一眼，却发现自称对声音"极度敏感"的那个家伙，正坐在大殿的后方。他盘起双脚，身体向前倾——在修法进行到最大声、最嘈杂的阶段时，他睡着了。

修法结束后，我们在大殿出口相遇。我问他怎么可能在这样嘈杂喧闹的环境下睡着。他想了一下，然后回答："我猜是因为我没有抗拒那些声音，那只不过是修法的一部分。"

"也许是几个晚上没睡，你实在是太累了。"我这么说。

"不是。"他回答，"我想，刚刚我终于了解了，原来我对声音的敏感，一直是我编给自己听的故事，大概是我小时候就卡在脑袋的一个想法。"

"所以，今天晚上你要做什么呢？"我问。

他微笑着说："我会听着狗叫，然后，当作是它们的修法。"

隔天，他到我的房间来，向我夸耀说，他昨天睡得像个婴儿。"我想，"他说，"我已经放下'对声音极度敏感'这个想法了。"

我很喜欢这个故事，因为它说明了一个重要的教义。感觉干扰我们的程度的多寡，取决于我们抗拒它的力道的强弱。这位年轻男士做了一些修持之后发现，我们听到的一切，都像是修法的乐音，修法庆祝我们能听到声音。

步骤四：专注于身体的体验

如果你正在阅读本书，我们应该可以说，你活在肉体里。我们习惯视身体为限制。如果我们可以自由飘浮，不必受身体需求的约束，不必任由无明、贪欲或嗔恨需索无度，这样不是很好吗？我们的身体看起来老是惹麻烦，却是我们获得福德的富饶基础，因为通过身体，我们会发现觉性。

方法就是注意身体的感觉，最简单的就是看着你的呼吸。你所需要的就是轻柔地专注在简单的吸气与吐气的动作。你可以注意从鼻孔进出的空气，或是空气在肺部充满和排出的感觉。

当你发现自己处于压力之下或散乱时，专注呼吸的方法特别有用。将注意力带到呼吸，会带来平静和觉性，让你面对任何问题时都能退一步，以更冷静、客观的态度回应。如果你被环境、事件、清晰的念头或强烈的情绪压得喘不过气，单纯地将注意力带回简单的呼吸，没有人会注意你在禅修，他们甚至完全不会注意你在呼吸。

将“呼吸带来的身体感觉”作为安住自心的焦点，也有更正式的方法。在我早期的训练中，我觉得很受用，特别是当我被恐慌或焦虑淹没的时候。你可以用七支坐法或二支坐法安住，单纯计算你的吸气和吐气。第一次的吸气和吐气，你就数“1”；下一次吸气和吐气，你就数“2”；以此类推，直到你数到“21”，然后再从“1”重新开始。

以呼吸为焦点的禅修，可以延伸到其他的身体经验。过去这些年来，我见过许多人因为意外或慢性病长期受到身体疼痛的折磨。我们可以理解疼痛很难让我们专注在其他事物。但是，“疼痛”本身可以成为焦点，让我们通往更宽广的痛苦觉性，即是自心的展现。

当我父亲过世时，我看到了这个学习的机会。疼痛折磨着他的身体，导致他无法自己上厕所。但是，他把痛苦的每一刹那都当作新发现，也就是觉性的焦点，这让他的心更放松和稳定。在他过世之前，他像个孩子一样好奇地观察手臂和四肢麻木的过程，以及肺部充血和心跳停止，这些征兆就好像是说：“这些体验既不是好，也不是坏，只不过是当下正在发生的事情。”即使是在死亡的紧要关头，他也把所有身体的体验，当作安住自心的机会。

他很幸运地利用这个机会练习以身体感觉为安住自心的焦点。父亲的过世，让我想起他曾经教过我的最早几堂课——以身体感觉作为安住自心的基础。换句话说，不把身体感觉当作威胁和敌人，而是当作了解觉性的机会。

对于其他的专注修持，最好一开始以稳固的姿势坐好，然后，安住在“无所缘”一会儿。接着，轻柔地把注意力转移到身体的特定部位：你的脖子、膝盖、手或前额。也许身体某处很明显，但我们往往习惯逃避它、抗拒它，或以自己定义的方式去注意它。我们应该和缓地将注意力带到身体的这个部位。

也许你会感觉有点刺痛、温热或有点压力。不管你感觉到什么，只要让你自己觉察它一会儿或再久一点。只要注意到它，轻柔地将注意力放在这个感觉上，不去分辨好或坏、愉悦或厌恶，它就是它，如是的状态。以这种方式检验身体的感觉，你就能逐渐开始了解，你对于“感觉”的看法和判别，是影响感觉的因素，也就是覆盖在“单纯的感觉觉性”之上的诠释。专注在身体的感觉片刻之后，放下专注，让心如是地安住，然后，再将注意力拉回身体的感觉。

一旦你花一点时间让觉性安住在身体局部的感觉，你就可以延续这个步骤，将注意力轻柔地放至全身。在这个练习中，我有时候把身体感觉称为“扫描练习”，因为这让我想起躺在核磁共振造影（MRI）和功能性核磁共振造影（FMRI）的机器中扫描全身。然而，这里的“扫描机”不是指外在的机器，而是自己的心，自己的觉性。

刚开始修持专注于身体的感觉时，我发现：如果我企图要逃避感觉，它的影响力就会增强；如果我积极地投入当下的感觉，跟自己的觉性对抗，我就会发现专注力分为两个部分：“抗拒痛苦的感觉”与“被痛苦击败”。通过老师们的指导，我能够同时观察这些冲突的念头。我逐渐开始观察我整颗心在逃避和接受之间的交战，这并不容易。观察交战的过程，比站在其中一方要有趣得多。光是观察这个过程本身，就很不可思议。

就像冷、热、饿、饱、粗重、头晕，或是头痛、牙痛、鼻塞、喉咙痛、膝盖痛或腰痛等，觉性倾向直接感受这些身体的感觉。由于疼痛和不舒服的体验如此鲜明，因此，它们其实是专注自心最有效的方法，也就是“察觉”痛苦的那颗心——没有痛苦，就没有“体验痛苦的心”的觉性。

这并不是说，一旦专注在疼痛，它就会消失。这么想的话，我们等于是强化了希望和恐惧：希望疼痛消失，恐惧疼痛一直存在。最好的方法是观察体验痛苦的心，这并不容易。事实上，专注在疼痛感觉的修持难以捉摸。有时候，我们感受的疼痛，会转移到身体不同的部位；有时候，疼痛全都消失了，这时候我们就没有禅修的助缘；有时候，疼痛的感觉又剧烈到我们无法招架。如果疼痛消失或难以招架，我们就不必专注在疼痛。我们可以转移到其他焦点上，像是视觉对境或声音，或者就停止观察，做点别的事情，可以去散步、看书或看电视。

当然，如果你有慢性病或严重疼痛，咨询医生是很重要的。这些症状可能是重大疾病的前兆。专注在疼痛，并不是指身体的病因会不见。如果你的医生诊断出你有严重的疾病，你千万要遵循医生的建议。虽然专注在身体的疼痛感觉，能够帮助我们面对重大疾病的疼痛和不适，但是，它无法取代治疗。

如果你遵循医生的建议进行药物治疗，还是感到疼痛，你可以把身体的疼痛感觉作为禅修的助缘。如果疼痛是来自重大疾病，禅修时要避免专注在结果。如果你的潜藏动机是想要摆脱疼痛，那么你实际上是在增强内心的希望与恐惧习气。要放下对这些习性的执着，纯粹尽力客观地观察疼痛，至于结果，就让它顺其自然吧！

步骤五：专注于念头

面对感官知觉的活动，有点像是在面对好动鸟儿之前的准备——许多想法、判别和概念使鸟儿在树林跳来跳去。念头比花朵、声音或身体感觉更难以捉摸。一开始，念头四处奔窜，就像水从峭壁俯冲而下，你无法真正看清它们。但是，如果你用禅修声音或视觉对境的方法专注在念头上，就可以察觉它们的变动。这样练习时，你就能察觉在自心出现和消失的所有念头。

“思考，”就如我父亲说过的，“是心的自然活动，是心创造一切事物的能力展现。”专注在念头的目的，并不是要阻止念头，而是单纯地观察它们。就像花一点时间看玫瑰或听音乐，花一点时间观察你的念头而不需要分析念头本身。安住在观察的动作，重点是观察的心会自然地平静和稳定，这样你就能够“利用”你的念头，而不是被念头“利用”。如果在一分钟内，有一百个念头经过你的心，你就有一百个禅修助缘。如果好动的鸟儿在树林间跳来跳去，那好极了！你正好可以看着“鸟儿”飞来飞去。它的每个跳跃、每次骤然飞起，都是禅修的助缘。

但你也不需要过于执着地察觉念头，或非常专注地要念头消失。念头来来去去，就像佛教古老的开示，念头就像“雪花飘落在一颗热石头上”。不管什么经过你的心，只要轻微地、不带执着地看着它来来去去，就像你轻柔地将注意力放在色相、声音或身体感觉上。

对于大部分人来说，念头看似坚固、真实，于是，我们执着或害怕念头。无论是哪一种心态，我们都赋予了它们得以驾驭我们的力量。当我们愈相信它们是坚固真实的，我们就给予它们愈多的力量。但是，当我们开始观察念头时，它的力量就会减弱。

有时候，当你看着念头，你会开始注意到它们迅速出现和消失之间有一点间隙。一开始，前一个念头和下一个念头的间隙可能不会很长。但是，随着修持的进步，间隙会愈来愈长，你的心会愈平静且敞开地安住在“无所缘”之中。有时候，单纯地观察念头的修持，就好像在看电视或电影。屏幕上有许多事物在动，但你其实并没有“在”电影里或电视上。“你自己”和“你所观赏的事物”之间有一点空间。就像你在观察念头时，其实你能够体验到自己和想法之间有同样的空间。你并没有真的创造这个空间，它一直都存在，你只是让自己注意到它而已。

不管发生什么经验都是好的，修持一定会带来各种体验。有时候，你会近距离观察念头，看着它们来来去去，并注意到念头之间的间隙。有时候，你会保持距离，单纯地观察念头。修持，或说方法，远比大部分人想象的容易。无论你体验到什么，只要对正在发生的状况保持觉察，这就是修持，就是将“理解”转化为“体验”的方法。

你的心有时会偏离观察念头的修持，关键在于你试图要控制和改变你的念头。要是你能够觉察到自己试图要控制想法，这也是修持。你在面对的是“自己”的心，所以，没有人能评估你，没有人能为你的体验打分。修持是个人的，没有任何人的体验跟你的体验是相同的。

随着继续修持，你一定会发现自己的体验时时刻刻都在转变。有时候，你会发现念头很清晰且容易观察；有时候，念头像从峭壁流下来的水那么湍急；其他时候，你发现自己的心迟钝或混沌。这些都没什么关系，你可以单纯地观察迟钝或焦虑。在任何时刻，赤裸专注你所有的体验，这就是修持，或说是方法。即使是“我无法禅修”“我的心很烦躁”“我好累，我‘一定’得禅修吗？”等的念头，只要你观察，它们都能够成为禅修的助缘。

如果你是禅修新手，要单纯观察不愉快经验或鲜明的情绪事件，是很困难的；尤其是，如果那些念头是形成已久的成见或信念。比如我们认为自己将孤老一生，我们永远不会吸引别人，或是我们老是把像父母、伴侣或上司等权威形象者看作敌人，觉得老是受到他们的压制。特别是不愉快的念头，最好避免专注在这些念头的“对境”——争论、不愉快的记忆，或引起特定念头的一连串事件。只要看着念头本身，不要去看念头生起的因缘。

佛经中有一个老故事，佛陀以“在战场被毒箭射中的士兵”做比喻，教导寻找特定念头生起的因缘是徒劳无益的。

> 有一位医生要替士兵拔除身上的箭，但是，这位士兵说：“等一下，在你拔箭之前，我必须知道向我射箭的那个人是谁，他从哪一个村庄来，他的父母和祖父母的姓名。我也需要知道这支箭用的是哪一种木头，箭头是什么材质，箭上的羽毛是从哪一种鸟身上取得的……”当医生调查出所有的答案回来告诉他的时候，士兵大概已经死了。这个例子要表达的就是“自己造作的痛苦”，我们被理智覆盖，而无法简单、直接地处理痛苦。

这个故事的寓意是：放下，别再寻找理由和故事，单纯地直观体验。现在就使劲拔出痛苦的毒箭吧，等拔完之后再问问题；一旦箭拔除了，那些问题也就无关紧要了。

面对念头的最好方法，就是退后一步，将心安住在“无所缘”一会儿，接着把你的注意力放在念头和围绕这念头的种种想法上。直观这两者几分钟，正如你在观察色相的形状和颜色。然后，安住在赤裸专注的单纯觉性中，交替“专注在念头”（有所缘）和“宽广的无所缘境”（无所缘）。如此，你就能避免太过于执着观察念头，同时也能够更敞开、更清新地重新开始观察念头。

一开始，以放松并警觉的姿势挺直后背坐好。接着，安住在“无所缘”一小段时间，然后，开始看着念头。修持的时间不要太长，几分钟就好，交替“无所缘”与“专注在念头”两种修持。

让你的心安住在“无所缘”片刻……

看着你的念头一分钟……

然后，让心安住在“无所缘”……

在这个禅修结束时，问问你自己，观察念头的体验像什么呢？念头是否像从峭壁俯冲而下的水？你可以很清楚地看到你的念头吗？念头是模糊不清的吗？当你观察念头时，它是不是就消失了呢？你体验到“间隙”了吗？

不管你的体验是什么，打算观察就是修持。你的念头可能从峭壁俯冲而下，可能模糊不清，可能有点害羞而完全不出现。不过，你“打算”观察各种体验，这就会立即改变你跟它们的关系。

步骤六：专注于情绪

情绪通常是强烈且持久的，这样的特质能成为很有用的禅修助缘，以及观察自心的焦点。不过，这两种特性也导致我们不容易立即面对情绪。有时候情绪或情绪的习性深植在觉性的底层，因此，我们不容易发现它的影响。这就是为什么一开始要先学习前面几个训练专注力的步骤。这么做时，你能够获得一些熟练的稳定觉性，于是当你观察通过自心的一切时，就不会带有太多的贪着或嗔恨。

在我早期的训练中，我父亲和其他老师要我牢记，情绪有三种最基本的分类：正面、负面和中性。每一类对应到三种主要的盒子，我们通过这些盒子来看待自己和自己的体验："我喜欢的"盒子、"我不喜欢的"盒子和"我不知道的"盒子。

"正面的"或称"建设性的"情绪，像是慈悲、友好和忠诚，能够增强我们的心，建立我们的信心，提高能力去帮助需要协助的人。"负面的"情绪，像是恐惧、生气、悲伤和嫉妒等，有削弱心力的倾向，它会损害自信，增强恐惧，这些情绪通常是"破坏性的"。"中性的"情绪，就像是我们对一支铅笔、一张纸或回形针那种平平的心态。

以观察情绪为修持助缘的方法，会根据你正在经历的不同情绪而有所不同。如果你感受到一种正面的情绪，你可以专注在"感觉"和"感觉的对境"。举例来说，如果你感受到对孩子的爱，你可以把注意力放在"孩子"和"你对孩子的爱"。如果你对于处在困境的某人感到慈悲，你可以专注在"需要帮助的那个人"和"你的慈悲"。如此，你的情绪对境就成了情绪的助缘；同时，情绪成了专注在“引起情绪的对境”的助缘。

从另一方面来说，专注在负面情绪的对境，反而会强化那个人、情境或事物是负面情绪“起因”的倾向。无论你多努力要培养慈悲、信心或任何其他的正面感觉，你几乎会自动地把对境和负面情绪联想在一起。“那个人（或情境、事物）让我受到伤害。抗拒它，试图改变它，逃走！”

我也看到，这种习性也会发生在有人谈到他们心仪的对象时。他们觉得受到对方强烈的吸引，但是，他们愈努力追求对方，对方就愈拒绝他们。所以，他们会觉得自己有问题或没魅力，不然，就是对方很残忍、不可信赖或个性有问题。事实上，“被对方吸引的人”和“吸引对方的人”并没有错。他们都展现了各自佛性的无限能力：被吸引与否，渴望与否。但是，我们习惯将这些展现个人化，当作是定义自己和彼此关系的方法。

修持负面情绪的方法，跟处理念头的方法类似，就是单纯将注意力放在情绪本身，而不是放在对境上。只是看着情绪，不带理智分析。不要紧抓不放或抗拒，只是单纯地观察它。当你这样做时，情绪似乎不像最初那样坚实、持久或真实。

有时候跟烦恼有关的对境——人、地点或事件，实在太清晰或历历在目，在这种情况下，千万不要阻止它。根据前面提到的专注方法，将注意力放在跟情绪对境有关的感官知觉上。这么做时，情绪的对境就能够像情绪本身一样，成为禅修的有力助缘。所以，我们就开始运用专注的方法来观察情绪。保持短短的禅修时间——持续一两分钟，并交替“无所缘”与“专注在情绪”的禅修。

从“驯服你的马”（身体）开始，以放松且警觉的姿势坐好。

接着，安住在“无所缘”一会儿。然后，将注意力带到你正在感受的任何情绪。当然，你可能同时体验到一个以上的情绪，所以，把你的注意力单纯地带到当下最清晰的情绪。因为某些像嫉妒、挫折、生气或渴望等特别强烈的情绪，只要轻柔地看着它就好，这一点很重要。不要分析或理解它们发生的原因或方式。重点是，单纯地让你自己觉察到它们。

心安住在“无所缘”片刻……

看着你的情绪，大概一分钟……

然后安住在“无所缘”……

禅修结束时，问问自己，观察情绪的体验像什么呢？它们一直都在吗？它们会改变吗？它们很清楚吗？当你观察它们时，它们会躲起来吗？在这个情绪与另一个情绪之间，你体验到任何的间隙了吗？它们主要是建设性的或破坏性的情绪吗？

以这样的方式观察情绪，就会看到每一种情绪都是认出“觉察情绪的心”的基础。有时候，我们做得到。以正面的或建设性的情绪而言，我们会发觉其利益是无限的，不只利益我们自己，还利益身边的人。然而，多数人都被卷入建设性和破坏性混杂的情绪之中。这些习性层层堆叠，就像大峡谷岩壁的地层。直观层层情绪的好处，在于认识到每一层都是我们“看”的能力的展现。

接下来的章节，将提供一套修持的方法，斩断这些貌似坚实的地层。

| 第八章 |

洞见的修持

在理智活动之后，直觉的心取而代之，并乍现了明晰的洞见，因而带来了许多喜悦与欣喜。

——福理乔·卡普拉（Fritof Capra）

佛法修行人在四处是人骨和腐尸的坟场禅修，这在过去是很普遍的修持。有些人会在自认为最可怕的时刻，到坟场住上几晚。即使是月圆之夜，那些地方的视线也很模糊，你难以辨认是风吹过骨头发出的嘎嘎声，还是狗的吠叫声。他们修持的目的，是为了正视他们对自己身体的执着、贪欲、希望和恐惧，并希望能深刻体会无常和空性。

我最近听到一个故事，有位僧人去印度的坟场，他把普巴金刚杵（这是修法仪轨用的刀子，象征“觉性的稳定”），插在一堆骨头前。他静静坐着，凝视那些骨头，禅修生命的无常以及从空性中生起的所有经验。然后，他听到附近有哭泣的声音，他害怕极了，准备跑开，但不知怎么着，一片漆黑之中，他的衣角被普巴金刚杵钉在地上，把他困在原地动弹不得，他吓死了，心想："今天我死定了。"

过了一会儿，他想："这不就是我来这里修持的目的吗？"没有"我"，没有僧人，所谓的"我"只是一些腐朽的肉把一堆骨头包起来，然后受到想法、情绪和身体感觉的驱使。后来，他拔起普巴金刚杵，带着更深刻的空性体悟走回他的寺院。

这故事的寓意并不是说，要了悟空性和无常，你就必须到坟场用金刚杵钉住你的裤脚、裙摆或鞋子，然后因为动弹不得而吓得半死。我们平常在工作、人际关系中和看着小孩上学时等，已经有够多的恐惧、不确定、执着和厌恶的体验。但问题是，是谁在害怕呢？是谁感到不确定呢？欲望、嫉妒、困惑、孤单、绝望在哪里呢？母亲、孩子、雇员、老板等不同的身份是从哪里来的呢？又往哪里去呢？这些体验究竟在哪里呢？

斩断对概念的执着

只要领悟心的意涵，就含摄了所有的了悟。

——蒋贡·康楚仁波切，《要点提纲》

了悟就像地图，带领我们该往哪里去，还有如何到达目的地，但是，地图并不是旅程。从理智的观点了解空性，就是将事物分解成愈来愈小的部分，因而了解无常和缘起（就如同稍早的解释），就是我们所说的“分析式禅修”。经过分析，我们很容易知道我的手、脚或脑并不是“我”，这个分析思维是旅程的第一步。

我听说有些人一听到空性，立刻就认出我们珍爱的“自己”与“他人”概念，“我喜欢”“我不喜欢”及“我不知道”的盒子以及这些盒子中的更小盒子都立刻消融。我不是那些少数的幸运者，我需要努力才能像他们一样，而且我还在继续努力。还有许多盒子中的盒子有待我的发掘。我还需要一些时间练习，才能稳定地体验到明性与空性的双融合一。

然而，这些年来，我明白了这样的逐步进展并非障碍，而是让我发现愈来愈深的觉性。你如何将“有限的”东西强加在本来就是“无限的”东西之上呢？

我很幸运地学到了斩断概念的方法，虽然只是一瞬间直接体验到空性与明性的双融合一。这个方法就是梵文的“毗婆舍那”（vipashyana）、藏文的“拉通”（lhaktong）。这些词汇一般被翻译为“观禅”，它实际的意思比较接近“卓越地照见”或“看透”。

我们更深入照见了什么呢？我们所有的“我”和“我的”，“他们”和“他们的”概念，还有通常很吓人的、极坚实的对于“实相”的看法。

“毗婆舍那”（“拉通”）不只是理智上的练习，而是内在深层的修持，就好像你在全黑的房间里要摸索门在哪里一样。你踏出每一步盲目的步伐，你都会问：“我在哪里？”或“嗔恨在哪里？”或“让我生气的那个人是谁？”

“毗婆舍那”（“拉通”）是一种对于空性的了解，是结合专注力的禅修，因此会为我们提供一种体验式方法去斩断“我”“我的”“你”“你的”“他们”“他们的”“嗔恨”“嫉妒”等的概念执着。于是我们就能与“不受内心习性约束的觉性自由”面对面。

觉性就是我们的真实本性

虽然我们习惯去感受经过觉性的念头，而不是去感受觉性本身，但是觉性就是我们的真实本性，它具有无限的张力。它能够经验到各种体验，甚至能够经验到认为自身是有限、受困、丑陋、焦虑、孤单或害怕等的误解。当我们开始感受永恒的本初觉性，而不是感受经过觉性的念头、感觉和感官知觉时，我们就朝着真实本性的自由跨出了第一步。

有一位学生告诉我：“我要离婚的时候，很努力地觉察我正在经历的痛苦。我把痛苦分解为小单位，看着内心生起的念头以及身体的感觉。我想到即将成为前夫的他一定会经历的痛苦，还有其他跟我们有同样遭遇的人们的感受，结果我发现，我并不孤独。他们经历这些痛苦，却不知道要观照他们的悲伤、焦虑或任何情绪，因而无法从中受益，因此，我希望他们能够感觉好一点。

“以这种方式面对痛苦，我逐渐能生起直觉的体验，而不只是理智的体验。直觉的体验有点像‘就是这样’——‘我’

不是‘我的痛苦’。不管我是谁或我是什么，我只是一个看着念头、感觉及伴随而来的身体感受的观察者。当然，我偶尔会感到悲伤和寂寞，我的心脏和胃会感到沉重，然后我会怀疑自己是不是犯下大错，并希望时光能倒转。但是，当我观察通过身心的一切时，我发现有一个人或一样东西大于这些体验，那就是‘观看者’。不受我的念头、感觉和感官知觉干扰的那颗心就只是观察，完全不做好与坏的判别。

“然后，我开始寻找‘观看者’，我找不到！但这不是说好像‘什么都没有’——我还是能感觉到觉性，但是，我无法给它一个名字。‘觉性’这个名字好像也不太适合它，这个字眼似乎太狭小了。我觉得有几秒钟，或再久一点，‘观看者’、‘观看’和‘观看的对境’好像是相同的。

“我知道我表达得不好，但是，就是有一种‘巨大’的感觉，实在很难形容……”

其实，她解释得很好，而且空性的体验是无法用真正适切的语言传达的。传统佛教将这个体验比喻为“哑巴吃糖”：哑巴尝到糖果的甜味，却无法形容它。若以现代名词表达的话，我们会将这个经验称为像之前提到的“纯真的觉受”，我们看着辽阔的风景，当下单纯只有看的觉性：在一瞬间，“观看者”、“观看的对境”和“观看的行为”是没有区别的。

早晨起床时，我们有时候会体验到“纯真的觉受”。有一两秒的时间我们还迷迷糊糊的，那个时候我们不会执着谁在看、看到了什么或看的动作等概念。那个瞬间就是单纯的觉性，超越了“这里”“现在”“这个”“那个”的无概念的辽阔。

接着，相对观点的习气立刻开始作用，于是我们开始思考：“噢！对了，这是我，我的丈夫（或是太太、狗或猫）睡在旁边。这是卧室的墙、天花板、窗户和窗帘，那是床头柜上的灯，那里有个梳妆台……”同时，关于自己、房间、未来、过去、我们遇到的人或想要遇到的人、我们失去的人……的念头和感觉生起。我们毫不自觉地进入分别的过程。我们有时候很缓慢，有时候很迅速地开始紧抓这些念头和感觉，并将它们作为我们游历于内在与外在世界中决定性的参考依据。

轮回是涅槃的展现

当我们执着于这些分别是绝对的而非相对的，这就是“轮回”（梵文：samsara。藏文“抠漏”：khorlo）的基本写照。在梵文和藏文中，“轮回”的意思是车轮往同一方向持续地转动。我们感觉到移动和改变，但实际上我们只是以不同形式在重复同样的内心习气。

从这种内心循环中解脱出来，梵文称为“涅槃”（nirvana），藏文称为“酿迭”（nyangday）。在梵文和藏文中，“涅槃”的意思是通过直接的体验了悟我们本然的自由本质——远离了概念、贪着、嗔恨等的一颗完全平静的心。然而，一般人都误认为佛法主张要证得涅槃，就必须否定轮回——逃避它、摆脱它、放弃它，轮回是敌人！轮回是老板！

轮回既不是敌人，也不是老板。一般人都误认为“轮回”这个词指的是一个“地方”。为了更正确了解轮回，我们可以这样看：我们游历在一个具有无常和互为缘起特性的地方，我们努力执着地为自己、他人和周遭世界下定义。

不管轮回怎么不舒服，起码我们对它很熟悉。“观禅”（梵文：vipashyana），或者“毗婆舍那”，或者洞见的修持，一开始看似困难，甚至很不舒服，因为它扰乱了我们对于熟悉的事物的执着。举一个很简单的例子，想象你的体验是长期被卷起来的一张纸。你要把整张纸展开，但是，它就是习惯要卷回来。如果要看到整张纸，就必须固定纸张的两边，于是我们就看到了整张纸，远超过之前读到的寥寥几字。

现在，想象纸张没有尽头地持续展开。文字不是纸张，也不是阅读纸上文字的那个动作。它们全部同时发生：文字、纸张和阅读纸上的文字。

当然，这只是个比喻，但或许能帮助我们解释轮回的显相，甚至是我们对轮回的执着。这一切之所以能够发生，是因为体验的基础是涅槃——体验万物的能力，加上感知显相的能力。轮回是涅槃的展现，就像世俗谛是胜义谛的展现。我们需要的只是练习去认清。即使我们对世俗谛特定对境的执着能够发生，也是因为空性与明性的双融合一。

“息内”，或说“奢摩他”（止禅），有特定的步骤帮助我们进入“观禅”，也就是明性与空性的直接体验。我认为直接体验的开展并不容易，所以，我们应该要以非常缓慢、少量、细嚼慢咽的方式进行。想要克服累积一生的内在习气，并没有什么迅速容易的方法。不过，旅程本身就是奖励，所以，我们现在就来看看这个步骤。

“我”并不是永恒、单一和独立的

“我是谁”这个问题几乎在平日的时时刻刻，频繁地萦绕在我们的心头。我们竭尽所能也找不到真正的“我”，不是吗？我们的想法会转变，我们与他人的关系反映了不同面向的“我”。我们的身体不断在改变，所以，我们开始寻找无法由外境定义的本“我”。我们的行事作风是假定有一个“我”需要保护，需要避免痛苦并寻求舒适和稳定。当痛苦和不适发生时，我们让自己远离痛苦；当愉悦的事物发生时，我们让自己对它产生执着。然而，就某种角度而言，痛苦和快乐、舒适和不适等，跟这个“我”是无关的。

说也奇怪，无论我们多深入去观察自己的反应，对于什么是真正的“我”都无法清晰地描绘。“我”在哪里？它有明确的形状、颜色或实体吗？你怎么解释我们认为的“我”是恒常且不受体验影响的呢？

要超越“我”的体验，并不需要去思索“我”是否真实存在。这种猜测就哲学方面而言或许有趣，但是，当我们在面对刹那、刹那的体验时，却帮不上大忙。观禅的修持，就是训练我们自己，检视有没有一个不依外境而能够独立存在的“我”。

为了要开始这个检视，采取放松而警觉的身体姿势当然是很重要的。接下来，运用之前提到的“无所缘禅修”安住自心。然后，寻找“我”——正在观察经过的念头、情绪和感官知觉的人。

一开始，这个过程需要一些分析。

我的手，是“我”吗？

我的脚呢，是“我”吗？

“我”是两脚双盘而觉得不舒服的那个人吗？

“我”是那个念头或情绪吗？

这些之中有任何的“我”吗？

这个检视不要进行太久，因为这样很容易变成概念或哲学的立论。这个练习的重点，单纯是让你发觉在自身体验中，“我”并不是永恒、单一和独立的。就像之前所说，空性并不是我们为究竟实相的本质所下的结论，或通过分析或哲学辩论后所得到的觉性。空性是一种体验，一旦你尝到这个滋味，它就会改变你的生命，为你打开新的面向，为你带来新的可能性。这就是“观禅”修持的要点。

审视所观察对象的空性

“止禅”结合空性的见地，并不否定世俗谛。世俗谛是我们在这个世界运作的架构，否定这个架构是愚蠢的行为，就像之前我提到的不说“我”的那个人。第三个体验层次，我称之为“虚假的世俗谛”，其中，想法、感觉和感知紧密结合了我们对自己、他人、感觉和情况的感知。虚假的世俗谛，是“自己造作的痛苦”的主要来源，这痛苦来自我们执着于相信跟自己与他人有关的想法、感觉和感知是必要的。

无“我”（“我”可称为“观看者”，这是我的学生所取的名字）的修持获得一些体悟之后，我们就可以开始审视所观察对象的空性，也就是觉性的对境。最好的检视方式，是观察我们把每一刹那的觉性切分为“观看者”，以及“观看者所感知的对境”，这基本上是概念的造作。

佛陀经常以梦来详述感知的分割状态，在梦中，你会感知到自己与他人。佛陀的例子大多符合当地居民的生活，例如，人会被狮子和老虎攻击，我想这不是大部分现代人需要担心的问题。虽然我听过许多人梦到被怪物追击，或在大房子或草原上迷路。

用比较现代的例子来说明，就像是梦中有人送了一块精美、昂贵的手表给你，也许是劳力士吧！我听说那个品牌的手表真的很精美、昂贵。在梦中你兴奋地收到劳力士而不需要付一毛“梦中钱”。你向别人炫耀这块表，你在梦中跟别人讲话的时候，刻意地搔一搔手腕，或指东西的时候，故意把手表露出来。

然后，有个盗贼过来，砍伤了你的手腕，偷走了劳力士。在梦中，你的痛苦很真实，你因为失去这块手表而非常难过。在梦中，你没有保险可以获得理赔，你的手还流着血。你满头大汗或哭着从梦中醒来，因为这一切看来都很强烈和真实。

劳力士只是个梦，不是吗？你体验到的快乐、痛苦和悲伤全都是梦的一部分。在梦中，它们好像很真实。但是，当你从梦中醒来，没有劳力士、没有窃贼，手也没有被砍伤。劳力士、窃贼、伤口等，都是你自心本具明性与空性的展现。

同样地，不管我们在世俗谛体验到什么，都可以跟“梦中的经验”相比：非常清晰、非常真实，但究竟上是明性与空性双融合一的展现。

我们从世俗谛的梦中“醒来”，并认识到我们体验的一切都是明空合一。“观禅”的修持让我们从经验上得知，感知强烈影响了体验。换句话说，我们感知的人、事、物，大部分是自心的造作。

一开始先采取放松而警觉的身体姿势，这跟“观禅”中的“人无我”修持要点相同。花一点时间安住在“无所缘”之中，接下来，将注意力轻柔地安住在对境上：眼睛的对境、声音或身体的感觉。还不错吧！非常放松。

但是，那个眼睛的对境、声音或身体的感觉到底在哪里发生的呢？在脑袋里吗？还是超出身体之外的地方呢？

你不需要“分析”它们是在哪里发生，只要看着（或倾听或感觉）它们，就好像它们是心中的镜子的反映。觉性的对境、对境的觉性，以及觉察对境的那个人，全都同时发生——就好像看着一面普通的镜子。没有镜子的话，就没有可看的东西；没有观看者，就没有观看的人。所有这些条件结合起来，你才看得见。

观察那颗正在体验的心

“观禅”的修持告诉我们：跟体验互动的方法就是“转心向内”，去观察正在体验的那颗心。除非你亲自尝试，否则你不容易了解这个过程。当然，你需要一些练习才能认出“自心”与“体验”同时生起，这就是正要离婚的那个学生所说的“巨大”——一开始可能只持续一两秒钟。这种体验就好像在诱使我们说：“我懂了！我真的了解空性了！现在我可以完全自由地开展生命！”

当面对念头和情绪，还有我们跟别人或各种情况互动时，这种诱导的力量特别强烈。短暂地瞥见“观禅”，有时会僵固为“概念”，导致我们产生对自己与他人有害的想法和行为。

> 有一个很古老的故事，是关于一名男子的。他在山洞禅修空性长达数年。他禅修的山洞里有很多老鼠。有一天，一只大老鼠跳到石桌上。“好啊！”他想，“老鼠是空性的。”然后，他拿起鞋子把老鼠打死了，他心想：“老鼠是空性的，我的鞋子是空性的，杀死老鼠也是空性的。”其实，他的行为只是把空性僵化为“什么都不存在”的概念，所以，他以为自己可以为所欲为而不必承担任何后果。

当我们“将心转而观照心”的时候，无论我们在寻找“我”、“他人”、念头还是感觉，我们都会逐渐看到自心，我们会接受明空双融的心，它能反映万物。于是，我们就不会钻牛角尖，而会看到许多的可能性。

| 第九章 |

同理心的修持

人类是整体的一部分，那整体，即是我们所说的宇宙。

——爱因斯坦，引自福华·伊夫的《告别数学圈》

我们身边的人，我们面对的情况，以及我们的感官发出的信息，显示了我们是谁及什么样的人。我们不只善变，同时也扮演多重易变的角色。例如“我是一个妈妈或爸爸”“我是一个丈夫或妻子”“我是一名员工，从事某项工作以符合老板和其他同事的要求”。

我们与自己、他人和事物互动的时候，带着根深蒂固的习气，有点孤立的状态。这种“独立个体”的感觉，阻碍了我们跟他人的互动。这种非常细微的分别和分离的感觉，是许多个人和人际关系的主要问题。“同理心”的修持，就是以我们遭遇的困难和危机为起点，帮助我们了解自己与他人的相似之处。“同理心”逐渐开启我们的心，朝向无惧和自信的甚深体验迈进，同时也将个人问题转化为助人的强烈动机。

许多佛经都提到过这个古老的故事：

有一位母亲因为幼子死亡而陷于哀痛中，她不愿意相信儿子已经死了，在村里挨家挨户地寻找让孩子起死回生的药。当然，没人帮得了她。他们告诉她，小男孩已经死了，他们想帮助她接受事实。不过，其中有人知道她是因为过度悲伤而精神错乱，于是建议她去找佛陀——最有本领的医生，当时他正好住在附近的寺院。

她把孩子紧紧搂在怀里，飞奔到佛陀的住处去拿药。佛陀当时正在为一群人开示。这位妇人推开人群，佛陀看到她很忧伤，就答应了她的请求。“回到你的村庄，”佛陀说，“你去跟那些家中从来没死过人的人家，要一些芥子回来给我。”

她跑回村庄，开始跟每户邻居要芥子，邻居们很欢喜地送给她，然后，她问：“你们家曾经有人过世吗？”

他们用奇怪的眼神看着她。有些人点点头；有些人回答她“有的”；另外有些人告诉她，他们的家人是在什么时候往生的，当时的情形又是如何的。

她跑遍整个村庄之后，领悟到超越文字所能表达的体验：原来她不是世上唯一因为失去挚爱而痛苦的人，变化、失落和悲伤是普遍共有的现象。

虽然她还是因为儿子死亡的打击而悲伤不已，但她知道自己并不孤单，她敞开了自己的心。办完了儿子的葬礼后，她加入佛陀身边弟子的行列，之后的一生，都奉献在帮助他人领会与她相同的了悟。

认同和理解别人

当悲心开展时，我们见到所有的生命都是平等的，每一位众生都想要快乐。

——卡卢仁波切，《佛法宛如日月光，无偏照耀有情众》

我们很容易自以为是唯一在受苦的人，而别人在出生时都领到一本快乐手册，就像之前提到的——我们出生时出了点状况，所以从未拿到这本手册。我曾经跟别人一样也搞错了，年轻的时候，我几乎一直处在焦虑中，我觉得寂寞、脆弱和愚蠢。可是，当我开始修持慈悲时，我发现那种孤立感逐渐减弱，我也逐渐变得有自信，甚至觉得自己是“有用”的人。我了解到自己不是唯一感到害怕和脆弱的人。后来，我发现：顾及别人的幸福，对于发掘自心的平静很重要。

一旦透过赤裸专注于体验而能稳定自心时，我们就可以把专注力更打开一些。我们可以用佛教传统中的慈悲修持，消融“独立存在的自我与他人”的迷惑。用现代话说，这个修持相当于同理心——认同和理解别人的一种能力。

许多人问，为什么“同理心”的修持称为慈悲修持呢？为什么不是其他的名称呢？根据佛教的理论，“同理心”有两个面向：一个是“慈”，就是希望众生在此生都能得到快乐，我们为了达到此目的而努力；另一个是“悲”，就是我们努力帮助众生拔除他们因为不识自身的根本本性而产生的痛苦。

“渴望快乐”和“从痛苦中解脱”是所有存在的生命体所关心的两件事。虽然不见得会浮现在他们的言辞和意识层面，也不会一直出现在对人类意识的复杂描述之中。我们之前详细讨论了痛苦和痛苦的因缘，现在我们来谈谈快乐。快乐是比较广义的名词，简单地说，可以解释为“富饶”，意思是有足够的食物、有地方可住、没有危及生命的安全。据我所知，蚂蚁的生理构造不会记录痛苦，它们每天出去觅食，然后将食物带回巢穴，为它们自己的生存和群体的生存做贡献。

根据我的了解，多数人的慈悲心是循序渐进地开展的。就像失去孩子的那位母亲，她的慈悲修持，是从认识自身的痛苦并想要从中解脱开始的，然后逐渐扩展到希望他人也能离苦得乐。当我们遇到塞车，破口大骂塞车害我们迟到，或在银行大排长龙，渴望队伍快点向前移动，在这些情况下，和缓稳定的修持之道将引导我们觉察自身的困境，并通往无法想象的深奥潜在的觉醒。第一阶段，通常是指“一般的慈悲”，从对自己慈悲开始，接着扩展到我们认识的对象。第二阶段，通常是指“无量的慈悲”，扩展至我们不认识的对象，祈愿他们离苦得乐。第三阶段，就是“菩提心”，觉察一切众生的痛苦，并帮助他们解脱痛苦。

第一阶段：一般的慈悲

“一般的慈悲”包含许多阶段。第一个部分，是学习温柔地对待自己、欣赏自己的优点。这不是自爱自怜，也不是无止境地重演内心痛苦的情节，或是后悔如果当时情况不同，结果可能会不同。这个修持，是以“当下的自我体验”为禅修焦点。这样做并不是在寻找“我”的概念，而是在寻找“当下活着”的体验。如果我能够获得快乐与快乐的因，那该有多好。最简单的方法就是“扫描练习”，这跟之前的专注在身体感觉的“奢摩他”（止禅）的修持有关。

一、专注在自己身上

（一）调身：一开始是“调伏你的马”（身体）。如果是正式的禅修，尽你所能地采取七支坐法，不然，只要后背挺直，身体的其他部位保持放松和平衡即可。

（二）调心：接下来“调伏骑士”（心），就是让你的心单纯地安住在“无所缘”之中。

（三）扫描练习：一会儿之后，进行快速的“扫描练习”。这一次不专注在感觉本身，而是轻柔地认出你“拥有”身体，还有能够扫描的那颗心。去了解这些基本存在的事实是多么美好，拥有身体以及能觉察身体的心是多么珍贵。当你能珍惜这些天赋，就已经为“离苦得乐”种下了种子。单纯地知道你还活着并能够觉察，这是多么令人庆幸啊！

（四）祈愿：安住在这单纯的珍惜状态中一会儿，然后，轻柔地引入这个想法：“如果我一直能够享受这活着的感觉，那该有多好！如果我可以一直享受这安乐以及获得满足的因，那么我就能接受所有的可能性，那该有多好！”你的说辞会根据自己的个性而有所不同。在传统佛教中，这些想法是以祈祷文形式来表达的：“祈愿我获得快乐和快乐的因，祈愿我远离痛苦及痛苦的因。”意思基本上是相同的，你可以用自己的话来表达。

（五）安住、放松：然后，让心安住、开放和放松。

如果是正式的禅修，修持时间不要超过几分钟；如果是非正式的禅修，不要超过几秒钟。当你要走路去买菜、遇到塞车，或正在洗盘子，你可以同时赞叹自己的存在和觉察力。重要的是禅修时间要短，然后让心安住，如果时间过长的话，这个“珍惜”就会变成概念而不是体验了。当反复修持一段时间之后，你的潜力就会开展。

二、专注在亲近的对象

一旦比较熟悉“庆幸”的体验，你就可以扩展到其他对象。其实，了解他人的痛苦能够转化我们自身的经验。

> 我有一位尼泊尔的朋友搬来纽约后，想找一份比较好的工作，赚更多的钱。在尼泊尔的时候，他是地毯编织工厂的高级主管。后来，他在纽约能找到的最好的工作是在修车厂的工作，相较于原来在尼泊尔的工作，他觉得很丢脸。他难过地哭了，后来他的主管看到，就问他：“你为什么哭呢？你不能这样子，如果顾客看到了，他们会怎么想？”
>
> 有一天，他注意到修车厂附近有个新面孔，那个人戴着一顶大帽子。他仔细一看，认出那个人是他在尼泊尔的地毯编织

工厂的老板。那个老板放弃生意，飞来纽约，也是想要赚更多的钱，结果找到跟他相同的、无需特别技能的工作，薪水比他原本在尼泊尔还要低。突然间，他发现自己不是唯一不幸的人，他并不孤单。

这是“一般慈悲”的第二个部分：了解别人的内心跟自己的状态类似。如果我们记住这点，就会逐渐了解不需要害怕任何人、事、物。我们会害怕，往往是因为我们不知道我们面临的对象就像我们一样：只想要拥有滋养生活的生命体。

传统的佛教典籍教导，我们的修持一开始应该专注在自己的母亲，因为她们给予我们最大的慈爱，她们在她们的身体里孕育出我们，而且把我们带到这个世界来。大部分东西方文化都教导，即使子女跟父母没有深厚感情，也要尊敬父母，回报他们为我们所做的牺牲。但是，在过去好几代以来，这个传统有了相当大的改变。这几年我跟一些人交谈后发现，他们并不喜欢跟父母保持亲密的关系，尤其有些人曾经遭受父母的言语或身体的虐待。像这种情况，以自己的父亲或母亲为慈悲修持的对象，不会有很大的帮助。专注在别的对象是绝对可以的：一位慈爱的亲戚，一位支持自己的老师，一个亲密的朋友、眷属、伴侣或孩子。有些人选择专注在他们的猫、狗或其他宠物上。禅修的对象是谁并不是那么重要，重要的是，将注意力轻柔地安住在让你感到温暖和慈爱的对象。

修持对他人的一般慈悲，与修持对自己的慈悲稍有不同：

（一）调身：一开始采取七支坐法或至少挺直后背，身体其他部位自然地放松。

（二）调心：安住在“无所缘”一小段时间。在禅修座上放松，就好像你完成了一份繁重的工作。然后，只要观察你的心，还有所有经过心的念头、感觉和感官知觉。

（三）将专注力放在能生起慈爱的对象上：安住一会儿之后，轻柔地将注意力放在你觉得亲切的、有感情的或关心的对象上。如果你没有刻意想到某个对象，他们却比你原本打算要修持的对象更清晰地出现，不必感到惊讶，这种情况经常会不由自主地发生。我有一个学生在准备进行正式禅修时，本来打算以他的姑姑为禅修对象，因为他年轻的时候，姑姑对他很好。但是，他的心中却不断出现小时候养过的一只小狗，这个例子只是在说明自心本具智慧的显现。其实他跟这只小狗有许多温暖的记忆，后来，他终于接受自己对于小狗的记忆，而不是勉强以姑姑为禅修对象，于是，他的修持就变得很容易了。

（四）“专注于慈爱的对象”与“无所缘”交替练习：让温暖和关怀的感觉在你的心中沉淀，每几分钟，就交替“这些感觉”及“自心单纯地安住在无所缘之中”。当你交替这两种修持时，你要祈愿你所禅修的对象也同样能够体会你对他们生起的温暖的感觉。

（五）观想为慈爱对象“拔除痛苦”“给予快乐”：在“无所缘禅修”与“专注于禅修对象”交替练习几分钟之后，你可以继续用下面几种方法：

其中一种方法是想象你禅修的这位对象，处于悲伤和痛苦之中。不过，如果你禅修的对象已经处于这样的状况之下，你只要单纯想到他的现况就好。不管是哪一种情况，你心中的画面都会自然产生一种深层的慈爱与联系，以及想要解除他们痛苦的强烈渴望。

另一种方法，是将注意力轻柔地放在这个对象上，同时问你自己："我有多想要快乐呢？我有多想要避开痛苦呢？"让你的念头愈具体愈好。举例来说，如果你被困在一个很热的地方，你是不是希望移到一个比较凉爽、比较开阔的地方？如果你的身体疼痛，你是不是想要去除这个痛苦？在你思考这些答案时，逐渐把注意力转向你选择的对象，并想象对方在同样的情况下会是什么感觉。

（六）对众生敞开自心，并产生连接感：以这样的方式修持时，你不仅为其他众生敞开你的心，同时也消融当下你对于正在经历的疼痛和不适的认同感。就像我的那位尼泊尔朋友，当他发现前任老板在纽约同一家修车厂工作，而且用大帽子遮住自己的脸时，他感觉自己并不孤单。人、小狗和其他的生命体同样都在追求快乐，并且以自己的方式在避免痛苦。其实，他们的基本动机都很相似。

三、专注在不喜欢的对象上

对你认识和在意的对象培养慈悲并不是那么困难，即便他们愚笨或固执到你很想掐死他们，你至少还是爱他们的。可是，如果要你扩展温暖和关切的感觉，给那些跟你有个人或工作上的矛盾的人，或因为某些原因你并不喜欢对方，那就有点困难了。

> 我有一位学生很怕蜘蛛。他很怕看到蜘蛛出现在房间角落或窗台，更糟的是，他说蜘蛛会出现在浴缸上方。蜘蛛只不过在做它自己的事，像是织网，它希望引来苍蝇和其他昆虫（它们可能也有点怕蜘蛛），但是，这位学生会焦急地要弄走它，他会用力扫它或用吸尘器把它清掉。他禅修了几个月之后，看到

自己想要成功，害怕痛苦，于是他跟蜘蛛的互动开始有些不一样了。他开始尝试用不同的方式跟每一只蜘蛛互动，他不再用扫帚或吸尘器清走，而是鼓起勇气把蜘蛛抓到罐子里，再拿到户外放掉。最后，他甚至跟蜘蛛说："小朋友，再见！去找你的食物，去找你的快乐……只是不要再到我的屋里来，好吗？"

当然，这并没有阻止蜘蛛出现在他家，但是，他不再把它们当作敌人，而是把它们当作跟自己一样的生命体。

不过，把蜘蛛抓到罐子里，然后放到户外去，并不是"一般慈悲"中第二个部分的修持（了解别人的内心跟自己的状态类似），但这至少是个开始。

我们现在来做个练习。想象你用两根尖锐的针穿过脸颊，一根穿过左脸颊，另一根穿过右脸颊。你觉得右脸颊跟左脸颊的疼痛不同吗？右脸颊的疼痛代表你的不快乐和痛苦，左脸颊的疼痛代表你不喜欢的对象的不快乐和痛苦。其中一边的疼痛会比另一边轻吗？

也许会，也许不会。也许因为右脸颊的针一直都在那里，所以你很习惯，没有太注意到它，那是一种隐隐的痛。但是，左脸颊的针带来的是新的疼痛，你敏锐地察觉到它。借由拔除右脸颊的针，你可以对自己或你已经有些和善感觉的人修持慈悲。但是，在你真正开始希望你不喜欢的那些人能够离苦得乐之前，左脸颊的针还卡在脸上。你希望他们受苦或不快乐，你嫉妒他们或对他们感到生气，但是，是谁在承受生气、嫉妒或厌恶的痛苦呢？是你。

慈悲对待你不喜欢的人有附带的好处，假使那个人对你或别人不和善，你可以选择生气、防御，或者如果你的情绪够稳定，你可以保持理性。然而，慈悲能够洞悉那个人用言语和行动伤害别人的原因：那个人在受苦、迷惑，而且拼命想要追寻舒适和稳定的感觉。

就像我的一位学生，他才刚进入一家大型制造业公司的营销部门工作，会计部的女主管就要他一起参加会议。这个会议糟透了，那位女主管很好辩，滔滔不绝。如果有人打断她或提出不同的观点，她就会气得满脸通红，更强烈地表达她的观点。

我的学生在一旁冷眼旁观，接着他开始慈悲地看着这位女士。他看到隐藏在愤怒背后的一个小女孩，从小就没有人愿意听她说话。我的学生开始点头赞同她，并且告诉她，她的观察力是多么敏锐，她的点子有多么好。然后，这位女士慢慢开始放松，她的愤怒消失了，她开始能够倾听别人的意见并纳入考虑。我的学生跟这位女士并没有成为最好的朋友，但是，第一次会议之后，她几乎每次都邀他参加会议，而他似乎总是能够让她冷静下来。每次他走到会计部门，这个部门的所有同事就会松一口气，因为他能舒缓那位女主管的情绪，于是她就会对待部门同事稍微好一点。

这对每个人都是“双赢”的结果，因为有人倾听并欣赏她的才智，所以这位女士能稍微减轻她的痛苦。她的下属不会一直被她批评，因此，他们对她的不悦感也慢慢减少。这件事情之后，我的学生对自己更有自信了，因为他开始了解慈悲所产生的清明与智慧，让他有能力处理棘手的事情。

第二阶段：无量的慈悲

经过一些修持之后，对认识的人慈悲并不是那么困难，但对不认识的人，甚至是我们不可能认识的人表达相同的温暖和关切，就需要多点努力。就像当我们听到邻居的悲惨遭遇，我们会觉得无能为力和绝望，我们只能在有限的能力范围内帮助他们。有时候我们的工作和家庭生活会阻碍我们对他们提供帮助。“无量的慈悲”修持，有助于舒缓这种绝望感，培养自信，帮助我们以不那么恐惧和绝望的心态与各种情境和对象互动。因为有无量的慈悲，我们才能看到自己的潜能，并且更珍惜内在的潜能。

有一个特别有用的方法能增长“无量的慈悲”，藏文称为“通连”（tonglen），翻译成中文即是“施受法”（或译“自他交换法”）。“施受法”其实很简单，只需要配合简单的观想与呼吸：

（一）调身：第一步就像之前那样，先找到身体安住的姿势，然后，让心安住在“无所缘”之中。

（二）观想你想祝福的对象或一切生命：接着，轻柔地将注意力带到这个念头：“正如我自己想要离苦得乐，其他的众生也是如此。”你不需要观想特定的对象，不过，如果你觉得这样可以辅助修持的话，也可以观想特定对象。最后，“施受法”扩及的对象，超越任何你能够想到的，包含了过去或未来承受各种痛苦的动物、昆虫和所有生命体。

我曾经学到的要点，就是单纯地想世间有无数众生，并心想：“正如我想要快乐，所有众生也想要快乐；正如我想要避免痛苦，所有众生也想要避免痛苦。”就像修持“一般的慈悲”，当这些想法在心中萦绕时，其实你已经开始积极地祈愿他人能够离苦得乐。

（三）配合呼吸，观想“呼出自己的快乐”和“吸入他人的痛苦”：下一步是专注呼吸，将过去或当下的各种快乐，通过呼吸传送给所有的众生，并吸入他们的痛苦。吐气时，想象你此生所有的快乐和幸福，以明亮光芒的形式，从你自身放射出去；光芒照耀所有的众生，融入他们，满足他们所有的需求，消除他们的痛苦。吸气时，想象所有众生的痛苦就像黑暗混浊的烟雾，吸入鼻孔，并融入心间。当你继续练习时，想象所有的众生都远离痛苦，充满喜乐。

如果以下这些动作对你的观想有帮助，你可以这么做：身体挺直坐好，双手轻轻握拳并放在大腿上面。吐气时，手指张开，双手从大腿滑向膝盖，同时想象光芒照射到所有众生；吸气时，双手向身体收缩并轻轻握拳，同时吸入其他众生痛苦的黑色光芒，并融入你自身中。

（四）安住自心：以这样的方法修持一会儿之后，单纯地让心安住。

（五）交替修持“施受法”与“安住自心”：再度开始修持，交替“施受法”和“安住自心”的禅修。

这个世界有各种不同的生命体，我们是不可能全部纳入想象的，更不用说直接立即给予个别的帮助。但是，“施受法”的修持，让我们为无数的生命体敞开自心，并为他们的幸福着想。这个修持终究会让你的心更清晰、平静、专注与觉察，你就能以直接和间接的无量方法帮助他人。

第三阶段：菩提心

最后一个阶段是菩提心，其梵文是 bodhicitta，通常翻译为“觉醒的心”。这是一个复合词，结合了梵文的“菩提”（梵文：bodhi，梵文的动词字根 boudh，意思是“成为觉醒、变得觉知、注意或了解”）与“契他”（梵文：citta，通常被译为“心”，或有时候译为带有灵性意味的“心灵”）。

佛教传统中有两种菩提心：世俗菩提心与胜义菩提心。

一、胜义菩提心

这指的是已经完成各阶段的修持而获得完全的净化，因此，毫不犹疑地直接见到实相的本质。潜藏在众生心中的佛性种子，已经茁壮成长为一棵大树。见到并了知万事万物的胜义菩提心，包含敏锐觉察众生因为不识自身本质而承受的痛苦，以及渴望将众生从痛苦的深渊中解脱出来。这是佛陀证得的境界，也是追随佛陀步伐的人所证得的全然了悟。

然而，只有少数人能够立刻体验“胜义菩提心”。佛陀在他的一生中，努力了六年，证得了完全醒觉的觉性。佛陀能够在这么短的时间内开悟，有一种说法是，因为他在过去许多世都朝着这个目标努力。

二、世俗菩提心

我们大部分人都需要更按部就班地依循“世俗菩提心”之道。渴望众生完全了悟自身的佛性，不是理智上的了解，而是实际体验，并以实际行动达成这个目标。这方面的修持，已经延伸出更多的方法。

开展“世俗菩提心”必然包含两个层面：“愿菩提心”与“行菩提心”：

（一）愿菩提心：是培养真切的渴望，希望众生能提升到完全了悟自身真实本性的层次。我们一开始要思维：“但愿我证得完全的觉醒，如此才能帮助众生也证得同样的境界。”大部分的佛法修持，一开始的祈愿文都传达了这样的祈愿。以任何你熟悉的语言或字眼单纯念诵这个祈愿文，就能够非常有效地帮助你扩展修持的目标。

但是，在真正实践一般与无量的慈悲心之前，这样的祈愿文只不过是文字。就像我们之前看到的，自己与他人如果没有真正离苦得乐，就无法体验全然的快乐和痛苦的终止。努力解脱自己，就像只拔除一边脸颊的针。只要另一边脸颊的针还在，我们永远都会感到不安、痛苦或恐惧。

听起来像是一件繁重的工作，是吗？要唤醒自己已经够难了，更不用说给别人带来相同的觉醒。但是，如果看过失去孩子的妇人的故事，你就会发现：在开悟者的面前，觉醒的机会比较大。有时候，觉醒要经由遵循建议、听闻教法和以老师为榜样来实现。

（二）行菩提心：“行菩提心”是达成“唤醒他人”的目标，“愿菩提心”是渴望把人们从一个“地方”带到另一个“地方”。“行菩提心”是实践“愿菩提心”的方法。

修持“行菩提心”有许多方法。举例来说，不偷盗、不说谎、不闲扯八卦，以及不谈论或不从事刻意会引起痛苦的事情。对他人慷慨，平息纷争，说话温柔、平和、不动怒，以及别人遇上好事，我们为他们高兴而不是妒火中烧。

这一类行为，是把禅修中的慈悲体验延伸至日常生活各个层面。这对每个人而言都是双赢的局面：我们会赢，是因为认出自己不是唯一有难熬情绪或问题的人。我们这样想时，自己就会更有自信，更能体贴且慈悲地对待别人。我们身边的人也会赢，因为我们增强了察觉他人痛苦的直觉力，于是就能以更宽容、更体贴的方式对待他们，而他们呢，也开始以更慈悲的方式对待别人。

愿意引导众生了悟他们的真实本性，获得全然的自由和安乐，是最振奋人心、最勇敢的动机。你是否能达成目标并不重要，光是这样的动机，就有很大的力量。当你实践时，心会变得更强大，内心习气会减弱，也懂得更善巧地帮助他人。这么做时，你为自己的幸福创造因缘。

了解痛苦和痛苦的因，以及自身本具的潜力，还有将“理解”转为“体验”的方法，都可视为我们自认为在出生时没领到的那本快乐手册。

就像许多人曾经问到的，要如何将所学到的这些认识和体验运用在自己身上呢？面临焦虑、悲伤、嫉妒、生气或绝望时，该怎么办呢？

要回答这些问题，就必须更深入地探索，把自己的生命当作体验的实验室。

第三部　运用方法

杧果树或类似品种的果实种子，

拥有不可摧毁的发芽特性。

——《宝性论》——

| 第十章 |

以生命为道用

一切事物，都可作为禅修之用。

——索甲仁波切，《西藏生死书》

若要斩断难题，我们需要难题。这听起来有点奇怪，甚至偏激。不过，佛陀在当时就是一位激进分子，他提出的痛苦疗愈计划，不同于当时其他人提出的方法。

小时候，我听过西藏隐士禅修者的修持传统——男女修行者经年累月在僻静的山洞修持，他们能保持长时间的不散乱。听起来很不错，不是吗？无干扰的单纯生活是开展自心平静最好的地方，除了一个小细节——太宁静。

独自住在山洞，没什么机会跟念头、情绪和各种痛苦缠斗。所以，每隔一阵子，这些隐士禅修者会下山到城镇和村落做一些疯狂的事。当地的居民会很生气，于是就会对他们咆哮，厉声羞辱，甚至是打他们。对于修行者来说，这些言语、情绪和肉体羞辱的痛苦却是禅修的助缘。这些伤害让内心更稳定，而且让他们更深入地斩断修行者对自身、他人和体验等本质的层层错误观念。

随着了悟的增长，他们更深入认识了痛苦和痛苦成因的根本情况，更敏锐地察觉主宰许多人生命的困惑：根植在恒常、独立和单一信念之下的“自己造作的痛苦”。修行人的心被居民粉碎，他们因而敞开了个人深层的慈悲体验。他们会运用本书前面提到的一些方法，坐下来禅修好几个小时，然后再将辱骂和鞭打带来的成长和利益传送给那些村民。

我们多数人都不是隐士禅修者，就某方面而言，其实是很幸运的。我们不需要寻找困难，或跟困难约时间碰面，我们不需要付任何钱给烦恼的念头和情绪，我们的生命已经被种种困难给五花大绑了。我们该如何面对困难呢？

我们通常会试图否定或消灭困难，要不把它们当成“敌人”，要不就被它们击垮，当它们是“老板”。除了以上的“对抗”或“投降”，其实还有第三种选择：老隐士禅修者采取中庸之道，运用体验去开启智慧、仁慈和悲心的更深了悟。

在佛教中，这个方法就是“以生命为道用”。发现你的生命完全“如是”的状态——此地、当下。

佛陀疗愈计划的基本目标，并不是要解决或排除问题，而是将问题作为认出自身潜力的基础或焦点。每个念头、情绪和身体感觉都是让注意力转而向内的机会，并且让我们更熟悉念头、情绪和身体感觉的起源。

许多人把禅修当作锻炼，就像上健身房。“我终于做完了！现在可以继续我的人生了！”但是，禅修跟生命并不是分开的，禅修就是你的生命。

从某个角度来说，我们一直都在禅修：我们专注在情绪的混乱、烦恼的念头，以及从我们是谁、我们是什么与环境的本质等的经验中得到结论。这种禅修通常发生得很自然，以至于我们没有觉察到自己正在参与。

将生命带到修持之道，从无意识禅修的过程提升到有意识的层次。有许多人，包括我自己在内，欣然采纳这个方法是希望找到立即解决痛苦的办法。当然，你有可能立刻得到舒缓，但通常不会持续太久。当解脱的感觉消失，你会认为：“佛教没什么用。”希望落空的现象是很常见的。

但是，如果我们继续练习，一开始每天只要花一点时间观察我们的体验，然后，延长正式座上禅修的时间，我们会发现佛陀的疗愈计划不只是心理的阿司匹林。检验念头、感觉和感官知觉时，你会发现其中还有一些珍贵的东西。

寻找隐藏的黄金

每位众生心中都蕴藏着珍宝。

——弥勒菩萨，《宝性论》

很久以前，有一位印度人行经一块泥泞地时，携带在身上的金块不小心掉了。后来这块地变成倒垃圾和厨余的地方，这些废弃物逐渐分解为泥泞，那个金块就埋在那里好几个世纪，淹没在持续增加的泥巴和垃圾里。最后，仙人出现了，他告诉一位正在寻找黄金的人："你看，在那些垃圾底下，埋藏了一个大金块。把它挖出来好好利用，做成珠宝或其他东西，这样才不会浪费这个宝藏。"

这个故事是比喻贪、嗔、痴和从三根本毒繁衍出的各种内心混乱的"泥巴"，经常阻碍我们认出佛性。

佛陀原来的教导和后世大师撰写的释论，都通过许多譬喻帮助我们了解佛性，因为佛性是超越任何的形容。黄金的例子似乎最容易帮助理解，所以，我讲这个主题时会问大家的第一个问题是："黄金的特性是什么？"

大家会给出各种答案：

"闪耀的。"
"不会失去光泽。"
"恒久。"
"宝贵。"
"稀有。"
"昂贵。"
"完美。"

这些回答都正确。

接着，我会问第二个问题："埋在泥土和垃圾里上百年的金块，跟挖掘出来并洗净泥巴的金块，有何不同吗？”

答案一定是：“没有不同。”

上百年的泥土无法改变黄金的本质，就像烦恼也无法改变我们的基本本质一样。但是，一层厚厚的泥土会让纯金块“看起来”像普通的石头，同样地，错误观念和执着也会覆盖我们的基本本质，我们倾向于把自己当作被泥巴覆盖的石头。

即使是一小块黄金，淘金客也会努力去掉金块上的泥土与秽物；同样地，为了瞥见佛性“金块”，我们必须擦掉障碍佛性的“泥土”。

对大部分人而言，这是缓慢渐进的过程，我们需要时间去适应自身本质与现实实相的新颖和不舒服的观念。要培养更加专注和更少判别的方式，来面对我们的体验中绝大部分都是“自己造作的痛苦”，这需要慢慢来。

我成长在一个浸润在佛教哲理和修持的文化的家庭中，我很幸运，因那些有智慧且经验丰富的老师们耐心努力的教导而受益良多。他们本身领受的佛法训练，来自老师亲自传递给学生的无间断传承，这传承可溯及佛陀。虽然我生活在这么幸运的环境下，却难以领会我的基本本质是自由、清澈、具足能力的等。我相信我父亲和其他老师的教导真实不虚，但是，我就是无法亲自领会——尤其是焦虑和其他强烈情绪把我牢牢捆住时，我几乎不能呼吸。

如果有人问：“假使我有这些伟大的特质，为什么我还是感觉很糟呢？为什么我会这么生气呢？为什么我这么焦虑、绝望或沮丧呢？为什么我老是跟丈夫（或太太、小孩、朋友）吵架呢？”这些问题一点也不让我惊讶。

面对佛性的障碍

我们的习气一再地出现。

——瑞努卡·辛格（Renuka Singh）编，《平静之道》

这些问题，有几种不同的答案。

一开始，有很多陈年的干泥巴要去除。我们被推入一个万事万物都在改变的地方，每一秒、每个细胞和每个原子都在改变，我们渴望确定、稳定和满足。无明、贪着和嗔恨三根本毒，可说是响应这渴望的一套非常基本的模式。我们产生了以自己与他人、主体与客体等二元名词为基础的笼统看法。我们用好与坏、愉悦与讨厌的特性区分事物，并且赋予事物恒常、单一和独立的特性。

以相对名词来组织和诠释体验的习性，并非突然形成。这不是说在隔天早晨醒来时，我们突然就决定："我要开始用二元的方式来定义世界！"

就像之前探讨的，生理构造——感知器官、脑部的构造和其他生理系统的自动反应等之间的关系，影响我们以区别的方式来组成体验。我们的文化和家庭背景，以及个人生命中的事件，也培养并强化了生物倾向，于是，逐步形成了一种循环关系。当感知影响体验→体验影响行为→行为加强体验→体验强化感知……如此堆积了一层又一层的"泥土"。

《阿毗达摩经》中集结了许多典籍，内容详尽地讲述了感知、体验和行为者之间的关系。这部经典列出贪、嗔、痴三种根本习气的各种组合，和再组合之后而产生的八万四千种烦恼。有好多的泥巴噢！我们可以花一生的时间，从八万四千种组合中找出符合自己的特殊情况。

其中有些组合有紧密的联系。过去这些年，我发现我更容易了解生命中的困境，我也可以从基本层面去探索这些特定组合是如何影响我看待自己、他人、人际关系以及日常遭遇的各种情况。教导佛性最详尽的经典——《宝性论》中，特别列出五种组成体验的习性。这五种习性阻碍我们认出自己的基本本性，并且隐藏在让我们受苦的内心混乱之中。

以现代心理学的观点来解释，这些习性可称为“扭曲”或“模式”，我把它称为“佛性的障碍”。这种认知架构导致我们以局限的观点看待自己、他人和周遭世界。归纳和回应内心体验的这些习性，会阻止我们以自由、清明、智慧和惊叹的深层觉性——超越了变好、适应良好或正常的传统心理治疗模式，去体验生命。

佛陀的计划不只是要让我们变“好”，他的目标是要我们成佛：唤起我们面对每一个体验——悲伤、羞耻、嫉妒、挫折、生病，甚至死亡等的能力，并且以第一次观看事物的那种纯真觉受去体验事情，就像你在大峡谷、黄石国家公园或台北 101 顶楼的观景台。在恐惧、判别、焦虑或见解介入之前，有一个刹那是直接原始的觉性，它超越了体验和体验者的区别。

一、指责自己

在《宝性论》中，“佛性的障碍”的梵文和藏文描述都非常冗长。如果要介绍给各位的话，最好是简化为现代人更容易理解的方式。单纯就字义而言，第一个“佛性的障碍”就是“懦弱”（下劣心）。

这个名词指出了我们用根深蒂固的倾向去判别或指责自己，并且夸张地以为自己的念头、感觉、特性或行为有瑕疵。因为有这一习性，我们就认为自己无能、不足或不够好。

我记得23岁那年，第一次在北美巡回讲学时发生了一件事。这次讲学本来是安排我的哥哥措尼仁波切主讲，他因为有事无法前往，所以就派我代替。这趟旅程的第二个星期，有人引见一位女士跟我个别交谈。她自我介绍之后，我请她坐下，为了让她自在一点，我开始找话题。我问她觉得公开课程如何？她听得懂我讲的内容吗？她有没有特别的问题呢？

我们聊了一会儿之后，她安静地坐着，接着，她整个身体开始变得很紧绷，眼睛紧闭，吸了一口长长的气，吐气，然后睁开眼睛。她非常小声地说："我很讨厌自己。"

回想那位女士的描述，我知道要从她口中说出那些话需要多大的勇气。我早年在北美讲学的时候，英文还不是很好，我需要依赖别人的翻译。所以，跟我个别交谈的那位女士，她不仅是对我，同时也是对我的译者，吐露心底最深处的不安。

即使译者准确翻译了她说的话，我还是有点搞不懂。在《阿毗达摩经》中谈到的八万四千种内心冲突中，应该能够找到对应"厌恶自己"的烦恼。但是，这对我是个陌生的名词，我只好很不好意思地请她加以解释。她再度变得很紧绷，然后哭了起来。

"我什么都做不好。自从有记忆以来，别人就告诉我，我又笨又蠢。我的妈妈指责我没把餐具摆好或碗盘没洗好。我的老师们告诉我，我永远学不会。我很努力想要在学校和家里做好这些事。但是，我愈努力，就愈讨厌自己的笨拙。我有一份还算可以的工作，但是，我总是害怕有人会指出我的错误，我太焦虑导致常犯错。我在教堂的唱诗班唱歌，如果有人赞美我的歌声，我唯一能想到的就是我唱走音了，别人赞美我是因为他们觉得我很可怜。”

她接着说：“我觉得很无助、很绝望，我想要当别人。我看到身边的人开心地笑，他们跟朋友出去吃饭，他们很成功，我纳闷为什么自己不能像他们一样，我到底是怎么了？”

听她说话的同时，我回想起自己的童年：我的念头、感觉及经常性的焦虑和恐慌的身体感觉，当我无法理解父亲和其他老师教导的课程时，我觉得自己很失败。我回顾这些经验，几天之后，我突然了解“厌恶自己”是什么感觉。这不是说我在心中复制了困扰这位女士的自我批判的念头和情绪。痛苦是普遍的现象，但痛苦有各种表现形式。通过审视这位女士的忧伤，我开始思考对我是新语言的“不满足”。不同文化的人拥有各自的文字和体验。

为了帮助大家了解并运用我的老师传递给我的教义和修持，我必须吸收这个新语言。我必须采用不同方式解释我学到的法教，这样才能帮助我所接触的新世界的人们，切合他们的问题。

“厌恶自己”是第一个佛性障碍最极端的实例，也就是倾向贬低自己。这些年来，我听过许多人向我表达类似的心情，虽然他们用不同的名词陈述，有时候不是用那么严重的字眼。我对其中有些名词是熟悉的，像是没有完成目标、气头上的行为，因此感到罪恶、羞耻或生气。

有一些人跟我谈到他们的自卑感，他们对于能否完成一件事不断地感到疑惑，他们一直贬低自己，不管做什么都觉得自己不会成功。我也听过有人谈到对自己的表现感到焦虑，他们觉得自己做得不够好，迫使自己更努力，这导致他们变成了完美主义者或工作狂。我看到同样的驱使力出现在个人身上，像在一些社交场合，我们会约束自己什么该做、什么不该做。与我交谈过的一些人遇到认识或在意的人有身心痛苦时，他们就会“怯场”。他们不知道该怎么办，而且就像那位女士所说的，她对“无法抗拒的不愉快”完全不知所措。

没希望、无助和其他痛苦的感觉，也跟身体疾病紧紧相连。举例来说，抑郁症是一种心理疾病，大大不同于忧伤或消沉。与神经心理学家和心理学领域的专家谈过后，我发现引起痛苦的自我批判不断循环，导致身体疾病的恶化，都会相对增强伴随身体疾病而来的破坏性念头和感觉。不管是对酒精、毒品、食物、赌博还是其他自我毁灭行为的上瘾，都是另一种疾病。与我交谈过的大部分医生和心理学家认为，这是一种生理习性，酒精或毒品会给予缺乏自信或缺乏与别人互动能力的人一种不真实的平衡和自信。

内心、情绪的风暴和身体反应的爆发，同样也会出现在疾病、意外、变老和死亡等各种自然痛苦时刻。

在五种佛性的障碍中，“自我批判”应该最容易认出，无能、内疚和羞愧等念头和感觉，“存在”觉性的表层。不过，要认出自己对他人的批判心态，也就是第二种障碍，就比较困难了。

二、批判他人

第二种佛性障碍，通常被译为“蔑视比自己差的众生”（慢下品人），指的是批判自己的另一端，也就是批判他人。狭义的“批判他人”，是认为别人比较不重要、比较无能或比较不值得帮助。广义的“批判他人”指我们碰到困难时，习惯责怪别人：“那个人”总是在阻碍我，“那个人”完全弄错、糟糕、固执、无知或有心机。“自我批判”就是无法同情自己，它的另一端“批判他人”，也就是看不到别人的优点，或无法倾听别人想要表达的话。

有时候，这种批判很明显。举例来说，当两个人坠入情网时，刚开始彼此都觉得对方完美无瑕，理想得不得了。几个月之后，他们开始觉得对方“不完美”，于是开始争吵，出现了失望和不满足的情绪。两人被“认为对方不好”的强烈习性吞没，这就是生气和痛苦的来源。如果是住在同一屋檐下、已婚或同居多年的伴侣，有共同的财务规划，这种习性尤其会带来痛苦。

“批判他人”也会发生在工作上。最近有位学生跟我抱怨，他的同事老是看不起他，说他坏话，而且在部门里暗中破坏他的工作。他很生气，觉得这个同事是敌人，蓄意要破坏他。这位学生只要在工作上遭遇问题，他都会认为是那位“残酷”“恶意”“蓄意破坏”的同事造成的。

有时候，我们对他人的批判，会以比较微细的方式呈现。举例来说，最近我有一位学生告诉我，他认识的一位女士因为亲人过世非常伤心。她接到一通朋友的吊唁电话，她的朋友最近有位好友也过世了，于是她敞开胸怀跟对方侃侃道出心中的哀伤。在谈话的过程中，她听到电话另一端有敲击键盘的声音，她听出对方在上网，她形容这种感觉像挨了一拳。她的朋友并没有真的在听她说话，他被其他事物吸引，无法完全专注这位女士的悲伤。他甚至没有察觉中断联系所造成的破坏性影响：他不仅没有给予对方当下所需的关心，他也隔绝了自己。

就像是第一和第二种佛性障碍，代表了判别的两端，第三和第四种佛性障碍代表体验本质的两种相反见解，这两者也支撑了第一、二种佛性障碍。

三、视非真实为真实

第三种佛性障碍有几个不同的翻译："视非正确为正确""视非纯正为纯正"（虚妄执），或比较宽松的讲法是"视非真实为真实"。基本上，所有这些名词意味着我们坚持自己、他人或情境是真实、恒常和本来就存在的。以佛教的名词来说，这种习性就是"恒常主义"——习惯认为体验是究竟而恒久的，而不是暂时的因缘和合。简单描述这个观点就是"滞留"。我们就是我们，他们就是他们，情境就是情境，那个就是那个。

四、视真实为非真实

第四个佛性障碍"视真实为非真实"（诽谤真实法），说明了颠倒的观点：完全否认，或更强烈地说，完全排斥佛性。本来就是清净、清晰和自由的本质，听起来很不错的，但是你内心深处却认为，这不过是梦想、神秘主义的观点。第三个佛性障碍，就像是把泥巴视为恒常和不可穿透的外层，第四个佛性障碍是认为

"只有"泥巴，也可以说是"虚无主义"，不承认自己与他人具有自由、智慧、能力或潜力。用更口语的说法，我们可以称之为基本的"盲点"。

五、过度重视自我

第五种，也是最后一种佛性障碍，传统上解释为"过度重视自我"（我执），这是前四种障碍的基础。如果用现代名词来说，就是"自我的迷思"——渴望稳定的"我"和"我的"。"我的"情况、"我的"意见——无论是涉及自我判别、判别他人、停滞还是盲目，至少反映了不断转变体验的静止点。我们执着自己的意见、自己的故事情节、自己的个人神话，就像拼命要抓住过山车的边沿。

观察我们看待事物的方式

翱翔在天空中的鸟儿，我们暂时无法看见它的影子，然而影子一直都在。只要鸟儿回到陆地，影子就一定会展现。

——莲师翻译小组译，《稀有功德藏》（*The Treasury of Precious Qualities*）

我们经历的情况，都不是单独由任何一个佛性障碍造成的。五个障碍共同合作，就像一群独裁者组成联盟共同发号施令，不过这里指的并非地理上的，而是内在的。有的障碍扮演比较重要的角色，然而每一个障碍都为我们的思考、感觉和行为模式"贡献"了不同的力量。

几年前我在巡回讲学时遇到了一对夫妻，他们各自拥有高薪工作，拥有舒适的家，还有两部车、好几台电视机和音响。几年下来，他们的生活跟我在世界其他地方见到的明显不同。

有个周末他们开车经过郊区，那一带多半是豪宅，每家都有好几亩草地和花园。于是，他们想："我们为什么不搬到更大的房子呢？为什么不搬到更有钱的社区呢？这样我们不就更快乐了吗？"

这个想法在当时似乎蛮有道理的，所以，他们在豪宅区买了一栋房子。搬进去不久，他们很快就发现邻居的车子都很昂贵。每次邻居从屋内走出来时，身上穿的都是新潮的服饰。邻居的朋友也都穿着昂贵的衣服，开着名贵的车。所以，这对夫妻给自己买了全新的、昂贵的车子和衣服。可是，不管他们花多少钱，总觉得好像在跟邻居竞争。

要维持高档生活的压力，终于造成这对夫妻之间的问题。他们必须加班才能支付开销。他们为了钱争吵：钱该怎么赚、怎么投资和怎么花。终于，压力大到他们两人丢了工作，结果他们对彼此感到生气和失望，每一件小事都能引发激烈的争吵。

"我们该怎么办？"他们在私下见面的时候恳求我的协助。我给了他们一点家庭作业。

"你们的困难是从何而来的？"我问，"是你们的房子吗？是车子吗？是衣服吗？是邻居吗？花几天去观察，再回来告诉我答案。"

他们已经学过不带批判地去观察念头和情绪的教导，于是我要求他们以这样的方法观察：不指责自己或别人，单纯地观察经过觉性的念头和情绪。

他们回来找我时，告诉我问题的根源不是车子、房子、衣服或邻居。“我看着那些房子、那些人和他们的车子，我觉得我想要更多。”丈夫这么说。“我羡慕他们，”他的太太接着说，“可是，可能是他们从来没邀请我们参加他们的聚会，他们甚至从未欢迎我们成为邻居。于是我心想：‘他们不友善，目中无人。等着瞧吧！’”

“所以，我们买了更多的东西。”丈夫继续说，“更大的车子，更贵的衣服。”他耸了耸肩，“但是，他们似乎对我们还是没印象。”

“那些东西，”太太叹息道，“让我们高兴了一会儿，但是……”

“你们是什么时候开始争吵的呢？”我问。

“噢！前前后后都有发生。”太太叹气，“这件事我是对的。”“那件事我是对的。”“这件事你是错的。”“那件事你是错的。”“噢！这样持续了好几个月。”

他们每说出一个观察，肩膀就更为放松，他们的脸、脚和手臂的紧绷也释放了。他们已经看到自己目前的状况，是过去几年的念头和感觉累积的结果。不过，让我惊叹的是，佛性障碍彼此之间的互动。这些就是我们批判自己和他人的方式——深植心中的恒常、单一和独立的信念，不知道自己的内在潜力，执着于“我”看待事物的观点是正确恰当的——这些障碍，依赖彼此而运作。

“所以，你们现在打算怎么做？”我问。他们看着彼此。

“我觉得我们现在不适合做重大决定。”太太回答，“我想，我们需要花一点时间去观察我们看待事物的方式。”

“观察我们看待事物的方式”就是“以生命为道用”的精髓。当然，我们会经历生命中的改变和挑战，但是，如果我们去观察自己看待事物的方式，有一些奇妙的事将会发生。阻碍我们发挥潜能的泥巴层，将成为肥沃的土壤。其中的智慧、慈悲种子会被唤起、扎根和发芽。佛性障碍，会成为佛性的“突破”。

该怎么达成呢？

认识自己的基本情况，再加上专注、观禅和同理心的修持。

| 第十一章 |

找到适合自己的方法

当你与困境正面交锋，会有新的发现。

——威廉·汤普森，《巴尔的摩的演讲》

通常，我都是做团体式教导，所以当我解释本书“第二部”如何用三种方法禅修念头和情绪时，习惯用最简单的例子，像嗔恨、恐惧或我自己的焦虑经验，帮助多数人能够了解。但是，几乎毫无例外地，总有人会问：“我了解嗔恨和恐惧要如何禅修，但是，该怎么禅修嫉妒呢？”也有人请我解释如何禅修沮丧、寂寞或自卑。

其实，同样的方法可以运用到各种情绪或心理状态，并不是这个方法只适用于嗔恨，另一个方法适用于悲伤，又有别的方法适用于焦虑，等等。如果是这样的话，就会需要八万四千种不同的方法，对治每一种内心冲突！

就算有这么多方法也不够，因为没有任何人的体验是完全相同的。有些人长期处在某种状态中，沮丧、孤立、罪恶或害怕失败等感觉强烈生起且无法避免。另外有些人的念头和情绪更是变化多端，嫉妒、悲伤、生气等，交替着放松和满足的感觉。

还有些人不太清楚自己的感觉。最近我有一位学生坦承说："有好长一段时间，我每天就好像活在云雾中。我去上班、买菜、付账单等，但我觉得自己跟当下正在做的事情没有关联。我内心没有高低起伏，一片空白，我做那些事情是因为那是我分内的工作。"

另一种笼罩我们的"雾"，就是当我们突然遇到很不愉快的事。举例来说，我之前遇到一位台湾女士，她告诉我几年前经历一件震惊的事情。有一次她的丈夫告诉她，因为生意的缘故，他要去其他国家一趟。她的丈夫离开几天之后，她决定给自己放个假，就到台湾南部度假。她一走进餐厅，就看到她的丈夫跟别的女人在一起。"我大吃一惊。"她说。前几分钟，我没办法思考和感觉，接着，各种感觉突然涌现，我感到狂怒、受伤和嫉妒。我觉得被人背叛，也觉得自己是傻瓜。我想要冲过去跟他们对质，然后找个洞钻进去。我花了好几个月厘清所有的感觉，至今我还是没想清楚。有时候，那些感觉将我淹没；有时候，我又经历了第一刹那完全愣住的感觉。"

我听到许多人谈到他们的特殊经历，或要求我给他们面对特殊情绪的修持方法。这让我想要循序渐进地为大家介绍"专注力"（止的禅修）、"分解再分解"（观的禅修）和"同理心"（慈悲的禅修）这三种修持，可以更有效地帮助大家运用在各种心理和情绪的状态，这三种修持的步骤都简单而且一致。

按部就班的禅修方法有许多好处：第一个，可以立即解除内心痛苦。第二个，将注意力集中在某些根深蒂固的所谓"信念"上，而那些“信念”撑起了特定的内心习性，也就是专注看着“佛性障碍”的影响。第三个，也是最重要的好处，是认识到“佛性障碍”就是自心的产物。当我们开始了解自心的力量会影响体验时，我们就可以运用这股力量，并在自身中发现以前从未想过的自由。简单地说，我们花时间观察自己看待事物的方式时，看待事物的方式就会改变。

在接下来的几页里，我们会详尽审视这些步骤。以下，总结为“主要的修持”“不同的尝试”“退后一步”和“休息一下”。

我们先来检视要如何运用这些步骤练习“专注”。这是三种修持中最基本，也是所有人要进入禅修之道时最重要的修持。

方法一：专注力修持

自觉，是中性的。即使在混乱的情绪中，我们也能保持反省的能力。

——丹尼尔·戈尔曼，《情商》（*Emotional Intelligence*）

一般而言，我们的心就像风中的旗帜，四处飘扬，受到风向的影响。即使我们不想要生气、嫉妒、寂寞或沮丧，还是被这些感觉及随之而来的念头和身体感觉牵着鼻子走。我们并不自由，看不到其他选择和可能性。

专注力修持，或者说“止的禅修”（奢摩他）的目标，就是要察觉“觉性”。觉性是基础，或称为心的“支撑”，它是稳定不变的，就像平常心的旗帜悬挂的那根旗杆。当我们认出觉察力的觉性，并保持稳固时，情绪的“风”仍然会继续吹；但是，我们不会被风吹跑，而是将注意力转而向内去观察这些变动。这样的修持让我们逐渐熟练地意识到：“噢！这是我的感觉，这是我的想法。”这么做时，我们的内在会释放一些空间，这些内在空间就是自心的本具明性，这种明性将会增强并稳定下来。我们能够看着念头和情绪，但不会像过去受到强烈的影响。我们仍然有感觉和念头，但是，我们自认为是寂寞、羞愧、害怕或自卑等的感觉和念头，将逐渐被我们视为自心的活动。

一开始，我们会担心：“我觉察到觉性的同时，是否也觉察到了念头和情绪呢？”这种想法很正常。其实，我们不需要担心。一旦你领受了教导，你就会了解：修持的目标，单纯来说就是要“开展觉性”。一旦你了解自己的目标，觉性的觉察力就会自然地增长和稳定。

这个过程跟到健身房锻炼没有什么不同。你定下目标，不管是减肥、锻炼肌肉、增进健康或其他目的。为了达成目标，你必须举重、踩室内脚踏车、上课等。你会逐渐看到运动的成果，这也激发你继续努力的动力。

要知道，专注力的修持，目标是要开展觉性的稳定性，之后就能不动摇地看着念头、情绪，甚至是身体的疼痛。请记得这个重点，然后我们就可以开始看看这些步骤。

第一步：主要的修持

专注力的主要修持，分为三个阶段：

（一）平常心

就是运用佛教提到的“平常心”，单纯地看着念头和情绪——没有特定目的或意图，将注意力带到念头和感觉。只要注意并认出你的念头和感觉，像是：我在生气、我在忧伤、我很寂寞。

我们每天无时无刻不在练习一般性的专注。举例来说，看着杯子，然后单纯地知道那是杯子。这个阶段涉及的判别很少，我们不会去思考：那是好杯子、坏杯子、吸引人的杯子、小杯子或大杯子，我们只是知道有个“杯子”。平常心运用在念头和情绪时，其实也是同样单纯地知道：噢！我很生气。噢，我在嫉妒。噢！我觉得挫折。噢！我可以做得更好。噢！我说了。噢！我做了。

有时候，就像前面提到的，如果念头和情绪并不是很清晰，我们就可以观察身体发出的信息。如果我们坐立难安，或感受到身体的紧绷，就单纯地看着这些感觉。身体的感觉可以反映出许多的情绪和内心状态——生气、挫折、嫉妒、后悔或混杂了烦恼的念头和感觉。重点是，单纯地看着发生了什么，并且如实地体验它，不抗拒也不屈服。

（二）禅修的觉性

“禅修的觉性”（meditative awareness），就是借由专注在念头和情绪，来稳定觉性。举例来说，我有一位学生曾经吐露他因为“取悦别人”的情结而感到痛苦。他总是想要做更多的工作，他会加班完成项目，所以陪家人的时间便少了。于是，冲突愈来愈大。他会在夜里辗转难眠，全身冒汗，心跳加速。他觉得无法同时取悦主管、同事和家人，他愈想要取悦每个人，就觉得愈难做到。他责怪自己的无能，批评别人的苛求，他坚信他对于自己和他人的判断是对的。

他屈服在第一、第二和第三个佛性障碍（编注：即本书第十章所说的蔑视自己、批判他人、以假为真的盲点），又把这三个跟第五个障碍（编注：过度重视自我）关在一起。他认定自己是一个失败的人，无法时时刻刻让所有的人开心。

这位男士学过看着对境、声音和身体感觉的禅修方法，所以，我建议他在半夜醒来的时候，运用这些方法禅修。“看着念头、感觉和身体感觉，”我告诉他，“一开始，‘取悦别人’的情结看起来好像庞然大物。但是，当你看着这个情结时，它似乎不是那么巨大。你开始看到它有许多的局部。它由念头组成，像是‘我应该要完成第一、第二或第三项工作。为什么我没有做第四、第五或第六项的工作呢？’这个情节也包括了情绪，像是恐惧、生气、愤恨，还有身体的感觉，包括胃在蠕动、心跳加速和冒汗，心里也会出现一些影像：别人对你的失望或对你咆哮。当你以禅修的专注力注视时，心理情结就像一个泡沫，其中又有更多的小泡沫。”

不管你的感觉是什么，也许是恐慌、焦虑、寂寞或“取悦别人”，基本的方法与本书第二部提到的专注在身体的感觉或声音相同，尝试去专注更小的泡沫。这样做时，你会注意到念头、情绪，甚至是身体感觉在转移与改变。专注一段时间之后，你会注意到恐惧、心跳，或是别人反应的影像反复出现。过了一会儿，也许是五分钟，其中一个反应，泡沫中的泡沫引起了你的注意，此时就以禅定的专注力注意它。这么做时，你的专注力会逐渐从“认为自己被淹没在情绪泡沫”中，转变为“观察泡沫的人”。

（三）观察

这个练习的第三个阶段，需要一点观察，也就是直观念头与情绪，不以理智或判别去影响结果。我曾经学到，当觉察力运用在情绪问题时，会产生三种结果：

第一种结果，是问题完全消失了。

有一些学生告诉我："您教给我的这个修持没有用。"

"你的意思是什么呢？"我问他们。

"这些念头和情绪消失得太快了，"他们回答，"它们模糊不清，待的时间不够久，所以我来不及观察。"

"这就对了，"我告诉他们，"这就是专注力修持的重点。"

许多人都吃惊地看着我，直到我向他们解释：看着念头、情绪或身体的感觉，然后看到它们的消失，这个时候你会达到无所缘的"止"——禅修者觉察到自己正在觉察。无所缘的状态可能不会持续很久，其他的念头、情绪或身体的感觉会再度出现。我鼓励他们用这种心态看待"无所缘"：哇！我又有机会开展觉性的觉察力。我鼓励他们把自己当作"观察者"。

第二种结果，是念头、感受或身体的感觉增强。

这也是好征兆，显示脑中深层的观点开始"松绑"。打个比方，假使你把几滴水滴在有干掉的食物残渣的碗盘，一开始，残渣的扩散让碗盘看起来很脏。其实碗盘并没有变得更脏，而是干掉的食物残渣开始溶解。

就禅修的练习而言，当念头或感觉增强时，可能会有个阻力不让它们表达，其实表达情绪没有什么不对。你可能想要敲打禅修坐垫，或大声说出："我怎么会那么做呢？"或"那个人怎么会说那种话呢？"我有一位学生曾经对某个人很生气，后来她了解是因为那个人做了某件事让她很受伤，于是她就哭了。表达念头和情绪是很大的释放。重点是，表达念头或感觉时，要保持觉察力。

第三种结果，是情绪维持相同的强度，没有消失也没有增强。

这样也很好！为什么呢？因为我们可以运用情绪，以及随之而来的念头、影像和身体感觉，作为专注力修持的强力辅助，我们往往都被情绪利用。专注力的修持是以自己的情绪作为开展觉性的焦点，这是看着“观察者”的机会。就像我们需要声音才能观察声音，我们需要形体才能观察形体，我们需要情绪才能观察情绪。其实，强烈情绪是稳定自心的好朋友，它提供一根树枝让无法停歇的鸟休息。

第二步：不同的尝试

（一）从简单的“形体禅修”“声音禅修”入手

一开始，要立刻面对形成多年的强烈情绪和成见，很困难。情绪会影响感知、行为，甚至是身体感觉。情绪看起来很坚实巨大，所以我们难以面对。就像我有一位学生最近发表他的看法：“禅修强烈的情绪，比如长期的自卑，就好像我们还没有练习爬小山，就企图要攀登珠穆朗玛峰。”

如果大家还记得禅修专注力的目标，就是要开展觉性的稳定性，接着我会告诉大家，我的老师给我的建议：专注在比较小和容易掌握的情绪，不要企图对付强烈或长期的情绪。举例来说，几年前有一位女士因为寂寞而受苦，她请我教她处理这个问题的禅修技巧。我想要先了解她的禅修经历，她告诉我她曾经追随多位老师学习多年，于是我想，我可以教她以情绪作为禅修的辅助。

我教她本书“第二部”的专注技巧，然后，她开心地离开了。几个星期后，她回来找我。“我尽力了，”她告诉我，“但是，我就是无法看着这个寂寞的感觉。每当我要禅修，就无法抵挡这个感觉。”

我建议她回溯专注力修持的基本练习，将禅修的焦点转向形体和声音。“我不知道要如何禅修形体和声音。”她回答。这个答案出乎我的意料，因为她已经接受许多教导。我想，她要不是还没有真正学习禅修，就是在基本教义的教导时没有注意听。

我教她专注在形体与声音的一些基本方法。修持一阵子之后，我教她专注在更小的情绪上——在杂货店排队时的愤怒，或看到厨房一堆脏碗盘时的懊恼。“用这个方法练习一小段时间，”我建议，“之后，你也许就有能力看着比较困扰你的寂寞情绪。”

几个月后，她写信给我：“我用这个方法修持了一段时间，我现在可以看着我的寂寞，而且能够跟它交朋友。”

（二）刻意制造“小情绪”来禅修

我们要如何从禅修比较小或不同的情绪，上升到比较大的情绪呢？

这个办法，是通过人为去制造另一个比较简单、比较小、不是那么强烈的情绪。举例来说，如果你要禅修寂寞，那么就先练习禅修生气。你可以想象同事弄脏你的档案，你正在跟他吵架，或者在杂货店排队时，有人插队。一旦你开始生气，就专注在生气的感觉、心中的想法、身体的感觉或有人插队的印象。用这个方法练习，就可以增加禅修情绪的体验。

（三）回想“过去情绪”来禅修

一旦能够熟练禅修人为制造的情绪，你就可以开始回顾过去的体验，刻意回想你曾经生气、嫉妒、难堪或懊恼的情境。请记住，禅修不同情绪的重点，是要开展觉性的稳定性——了解“观察者”，而不是被“观察的对境”征服。

禅修人为或比较小的情绪能增强我们的力量，继而能更专心地去禅修比较大或长期的情绪，像是寂寞、自卑或刻意想要取悦他人。这个方法就像锻炼身体的严格进度表，你去健身房时，不会一开始就举很重的重量，你会从自己能负荷的重量开始。随着力气增强，就能够举起更重的重量。将注意力放在情绪，也是同样的道理，直接面对强烈或长期的情绪问题虽然有利益，但是我们必须用比较缓慢的脚步增强情绪肌力。请记得，专注力修持的目标，是为了开展觉性的稳定性。

（四）看着情绪的“身体反应”来禅修

另外一个“不同的尝试”方法，是运用情绪的身体反应作为专注的对境。举例来说，有一位女士来参加公开的研讨会，她坦白告诉大家，多年来的严重抑郁症让她很痛苦。她一直在服用医生开给她的药，但是她无法摆脱那种沉重、燥热的感觉，觉得全身活像一块“发烫的铅”！

“你觉得哪里像发烫的铅？”我问。

“全身都在发烫，”她回答，“真的很难受。”

“好，”我告诉她，“专注在身体一个小部位，不要去看全身的疼痛。你可以专注在脚或脚趾，把注意力放在一个小部位。每一次就看着那个地方，不要观察全身。”请记住，修持“专注力”的目标，是要开展觉性的稳定性。一旦你能够稳定地专注在脚或脚趾，就可以扩大范围。

专注在比较小的情绪，或单纯专注在形体、声音或身体的感觉，这样就能开展出专注在长期剧烈情绪的能力。一旦你开始增强“专注力的肌力”，你就能够专注在比较大的情绪问题上。于是，你会发现自己能够直接面对“自我批判”与“视他如敌”这两项潜在的佛性障碍。你会解开这个捆缚的信念和抑制自我潜能的盲点。你也必然会面对“自我的迷思”，也就是认同你的寂寞、自卑、完美主义或孤立的习性。

很重要的是，要记得，这些冲突不是打仗，而是发现自心力量的机会。制造严厉批判的那颗心，也能够以它的觉性和专注的力量解开严厉的批判。

第三步：退后一步

有时候情绪剧烈而顽强，所以，你不容易面对它。要处理长期强烈的情绪或内心的习性，有个方法特别有效，就是：退后一步，观察情绪的背后是什么，也就是所谓情绪的“支撑物”。举例来说，小时候，我曾经试图要直观恐慌的感觉，但是我办不到。我坐立难安、心跳加速、体温升高，全身流汗，最后，我请求萨杰仁波切的协助。

“你不想要恐慌的感觉吗？”他问道。

“当然不想啊！”我回答，“我巴不得立刻摆脱它！”

他思索片刻，点点头说：“噢！现在我懂了。困扰你的是你‘对恐慌的恐惧’。有时候，‘对恐慌的恐惧’比恐慌本身还要强烈。”

那时，我还没想到退一步看看是什么造成我的恐慌，我太全神贯注在恐慌的症状，以至于无法看到我是这么强烈地害怕这难受的情绪。但是，当我听从萨杰仁波切的建议，看着恐慌之下的“恐惧”时，我发现自己比较有能力处理恐慌了。

这些年我在辅导别人时，我发现这个方法很有效。如果情绪或烦乱的心令你痛苦到难以直观，那么就去寻找它底层的潜在原因，你的发现有时会令你大吃一惊。

你也许跟我一样，发现自己对情绪的恐惧。你也许会发现其他的抗拒，像是连尝试要面对自己的情绪都缺乏自信。你也许会发现一些小事件和触发点，都会直接、间接地激发更大的情绪反应，像疲惫往往是沮丧的警讯。跟同事、配偶或家人吵架，经常会触发我们产生毫无价值、孤立的想法，并增强自卑的感觉。

如果我们可以面对这些感觉背后的感觉，就开始更直接地面对佛性的障碍，特别是第三个“无法改变的根深蒂固的信念”（编注：即本书第十章所说“以不真实为真实”）、第四个“否定我们的潜能”（编注：即“以真实为不真实”，不相信佛性）。面对第五个佛性障碍（编注：即“过度重视自我”），帮助我们认出自己的情绪难题。

第四步：休息一下

学习什么时候应该完全停下来，是所有修持的重点。停下来，就有更多空间，让你接受起伏，也就是修持的时候可能产生的混乱。如果你没有给自己停下来的机会，你会被混乱——因为没有“做好”或不了解这个修持而产生的罪恶感，牵着鼻子走。你会问自己：为什么即使我有很清楚的教导，但是都派不上用场？这一定是我的错。

一般来说，进行专注力的修持时，会面临两个极端情况，让你知道该停下来。

（一）修到“感觉很糟、很无力”的时候，停一下

其中一个是修持碰到瓶颈。可能是失去禅修焦点、厌恶这个修持或方法变模糊。即使你退后一步，看着焦虑、寂寞等的触发点和支撑物，或做不同的尝试，你的修持就是不管用。你也许会想：我觉得修持又烦又累，我看不到继续修下去有什么好处。

最近我遇到一位年轻女士就有这种经验。她在禅修“长期的焦虑”。有一段时间，她的修持好像很顺利，她也因此很高兴。接着就不太顺利，她变得更焦虑，专注力也减弱。有一天，她来参加了我主持的共修。共修一开始，她的状况好像还不错，但是，结束的时候，她哭了起来，她在禅修垫上如坐针毡。共修结束之后，她跟我约了个别会面的时间。

“您的方法一开始有用，”她开始说，“但是，几天下来我开始觉得模糊、迷惑、疲惫、无聊。共修结束前，我快崩溃了，我没有办法再修下去，我就是搞不懂。我考虑要去参加团疗，那个地方让人可以尽情地哭。”

她说完了之后，我向她解释，在修持的时候，有时候停一会儿是必要的——做点别的事情，比如散步、阅读、看电视或听音乐。于是，那天晚上她回房睡觉，隔天早上她觉得好多了。她想要再试试看，因为她知道她想休息的时候，就可以停下来。她不需要持续下去，这不是赛跑或竞赛。

当你过于紧张专注，或心开始昏沉或困惑时，停止禅修是很重要的，我们往往都会忽略这一点。我们经常用“干枯的水道”或“空的蓄水池”灌溉方式做比喻。西藏农夫会在天然蓄水池，像是小池塘或湖泊周边的田地耕种，他们会挖掘许多穿过田地的水道。有时候，即使水道挖得很好，水道里仍然没有很多水，这是因为蓄水池本身也是空的。

同样地，当你修持的时候，即使你很清楚这个教导，也了解努力和企图心的重要，却仍然觉得疲惫、生气、昏沉或绝望，这是因为你的内心和身体的“蓄水池”是空的。原因可能是：你太努力、太渴望，可是内在力量的蓄水池还不够满。我父亲和其他的老师不断强调“短时间禅修”的重要。若要处理强烈或长期的情绪，我们需要填满蓄水池，即使佛陀也不是一夕之间就成佛了。

（二）修到“感觉特别好”的时候，停一下

第二种极端情况，就是修持体验特别好的时候，休息片刻是很重要的。你可能会觉得身体格外轻安，或有一种强烈的喜悦。你体验到无限的清明——内心的体验就像无云蓝天的灿烂太阳，一切显得非常清新明晰。或是你的念头、感觉和感知停止，心全然静止。在这个时候，你要停止禅修。

有些人会说：“这没道理啊！我有这么奇妙的体验，为什么要停下来呢？”

我能体谅他们的抗议，因为我也享受过这种喜乐。我当时非常贪心，非常渴望保持这种体验。但是，我的老师说，如果我紧抓不放的话，终究会以失望收场。因为体验的本质是无常的，喜乐、清明和宁静迟早会消失，消失之后就会觉得糟透了。最后你会觉得自己错了，或认为这个修持没有用。修持的真正目的是为了开展觉性的稳定性，于是就能平静地看着所有体验。然而，有时我们会陷入专注力修持带来的喜乐、清明或宁静。

我的老师们进一步开示，在高峰点休息，能够培养想要继续修持的渴望，并鼓励我们稳定觉性，以及“增强蓄水池”。

这听起来很奇怪，然而，在修持时，“停止”跟“开始”同样重要。

方法二：分解再分解（观的禅修）

俱生清净的根基，完全超越语言、概念和戏论。

——蒋贡·康楚仁波切，《无量的世界》（*Myriad Worlds*）

有一位女士参加了我最近在北美的一系列讲学，在一次私下见面时，她坦白地告诉我，虽然她一生有许多成就，但还是极度渴望一段恒久的感情。她在禅修时甚至无法正视这强烈的渴望。

我问她："渴望这种恒久的感情时，你心里有什么想法？"她静静地坐了一会儿，然后回答："我觉得我很不讨人喜欢。"她停了一下，接着小声地说，"我觉得别人会认为我是一个失败的人，因为我从来没有谈过一段很深的感情。"

她继续这个话题时，揭开了种种不同的念头和感觉，包括童年时期（她的母亲说她长得很丑）和青春期（没有人约她去跳舞）的记忆。其实，对感情的渴望一直潜藏在她的一生，但是，当她将自己的生命历程分解为许多部分时，沉重的渴望变轻了。当然，并不是立即消失，但至少还能负荷，不再是她原本背着四处跑，重到快压垮她的那块巨大坚实、沾满烂泥的大石头。看起来像是一颗大石头，实际上是由一堆小石子所组成。

她开始自然而然运用这个方法和智慧去禅修痛苦。这是个关键时刻。她只要想起这些困境，她就禅修，并直接认出困扰她大半生的念头和感觉。当她认出时，她对于念头和感觉的"判别"开始消失，于是她能够将之分解为愈来愈小的单位。在我们讨论的过程中，她至少短暂体验到不同的观点。她不再是被捆缚在寂寞和渴望的镜中人，她就是那面镜子。

我们谈到后来，她突然说：“我刚刚才想到，也许我的母亲有同样的感觉。也许她觉得自己很丑，而且不讨人喜欢。”我不记得看过她开心的笑容。“我不记得看过我的父母一起笑、拥抱或亲吻。和我一起长大的那些孩子，最受欢迎的那些人，被邀请跳舞和聚会的那些人……”她的声音变小。

“他们当时的生活状态真的那么好吗？”她问，一边咬着嘴唇，一边思考，“他们现在快乐吗？他们觉得寂寞吗？”

看着这个过程的进展，真是令人惊叹！因为勇于面对这个隐藏的痛苦，她的觉性开始开展，她能够单纯地看着痛苦，而不再那么批判自己了。觉性也帮助她把痛苦分解为更小的单位，所以痛苦看起来不是那么坚固了。还有，放下这样的执着，也让她本具的悲心、能力和自信有机会开展。至少在那个瞬间，她的“自我迷思”——过度专注在她自己的观点消失了。她不觉得寂寞或不讨人喜爱，开始体验到超越欲望、嫉妒和恐惧的人际关系。她跟痛苦成为朋友，等于完成了“观禅”和“同理心”的修持。她瞥见自己的潜能，接受观点的改变，而且有那么一瞬间，她是自由的。看到她自然而然地突破，还有脸上的笑容，真是令人欣喜！

这就是“观禅”修持的要点：了解所有的现象都是互为缘起、无常，并由许多不同部分组成。就像我们在本书“第一部”的讨论，当我们检视时，无法指出任何坚实、单一或不可改变的事物。当我们愈深入检视念头、感觉和情绪，就愈有机会了解它们的空性本质，即使是强烈或长期的情绪也像泡沫一般。它们看似有形，内在却是空无一物。最后，泡沫破裂，看到的是无限的虚空，远离争执和冲突。这是喜悦的觉醒，虽然无法诉诸文字，却是完全清晰、永恒觉性的体验。

我们要如何才能觉醒呢？就像我们练习“专注力”修持，“观禅”也有特定步骤。

第一步：主要的修持

就像专注力修持，观禅也分为三个步骤。

（一）平常心

就是以“平常心”去观察念头和情绪。没有特定的目的或企图，单纯地认出念头和感觉。

（二）了知情绪本质觉空不二

这和“专注力”修持的第二点不同，主要是了解情绪的本质是觉性与空性不可分。该怎么做呢？

1. 观察情绪“不恒常”（一直在改变）

首先，思维“情绪是无常的”。当我们认出情绪，不管是厌恶自己、寂寞、尴尬的社交场合或批评别人等，我们习惯认为这是一个巨大坚实、很难改变的问题。这个情绪被“恒常”的感觉包围，觉得会一直这样下去。“我一直会这么感觉，我是失败者，那个人真的很坏。”第三个佛性障碍（把不真实的当成真实），在这里扮演了一个重要角色，它强化了“持久”的观念，我们以为这个情绪一定会僵持很久。

但是，当我们仔细检视这些感觉，会发现它们完全不稳定也不持久。不到一分钟，随感觉而产生的想法就改变了，而且强度摇摆不定。身体的感觉，譬如体温、心跳、四肢沉重、疲倦或烦躁，都很容易改变。我们会很惊讶地发现，身心许多不同感觉都在一直改变。这里的基本要点，是观察并觉察这些改变。

一开始，我们只能注视念头、感觉等的改变一两分钟。没有关系。就像我的老师常提醒我，别急着想得到什么成果，这是很重要的。认识无常的重点，在于单纯地注意到：念头、感觉和身体，一直改变，片刻不停。

2．观察情绪“不单一”（永远可以再细分下去）

短暂地观察情绪的无常本质之后，接着去思维情绪的“不单一”特性。

就像我们稍早提到的，我们习惯认为情绪是一个“巨大坚实”和“本来就存在”的东西。但是，如果仔细观察情绪，例如生气，我们会发现它是言语或念头（我很生气，我讨厌那个人，说那样的话真讨厌）、身体感觉（胸闷或胃痛），以及生气的原因或对境的影像等的组合。如果我们把这些全部分开，生气在哪里呢？如果没有言语、念头、身体感觉、原因或对境的影像，我们会生气吗？

或者，从不同的角度来说，假使我们观察生气的对境，比方有人说了我们不爱听的话。我们可以问自己：“是什么导致我生气的呢？是说话的那个人吗？还是言语本身？”

我们也许会想，我对某人生气，因为他说了一些话。但是，如果我们花一点时间分解我们的反应，让自己沉淀一下，再次观察——

“坏话是从这个人的嘴巴说出来的，所以，我应该气他的嘴巴吗？”

“那个人的嘴巴是受到他的肌肉和头脑控制，所以，我应该对肌肉和头脑生气吗？”

“可是肌肉和头脑受到他的情绪或动机驱使，所以，我应该对他的情绪或动机生气吗？”

以这样的方式检视“不单一”特质，我们无法找到任何生气的对境。生气的对境毫无实质，于是，我们发现：情绪和情绪对境，是互为缘起的。

3．观察情绪“不独立”（是互为缘起的）

我小时候曾亲眼看到来见我父亲的一位男士，就碰到这种状况。这位男士跟别人吵架，两人最后拿起棍子打了起来。他很生气，请我父亲给他一些建议。

我的父亲说：“是棍子打你的，你为什么要向对方生气呢？”

“因为是他在控制棍子。”那个人回答。

“但是，他是受到情绪的掌控，”我的父亲告诉他，“所以，说实在的，你应该对他的情绪生气。而且，谁知道是什么让他的情绪爆发的呢？也许他被他的父亲打，也许那天发生了什么事让他很生气。所以，你该气谁呢？也许跟你吵架的这个人，他的父亲因为生气而打了他。但是，谁知道是什么让一个父亲气到要打自己的儿子呢？”

那个人想了一会儿，我看到他开始比较放松，甚至开始笑了。

“我从来没有这样想过。”他说。

“我们大部分人都不会这样想。”我的父亲回答，“我们必须超越表相，这需要练习。”他微笑：“练习需要时间。你不会因为今天的谈话，想法和情绪就立刻改变。你要有耐心，要对自己仁慈，你不会突然得到智慧。”

当我在教学和辅导别人的时候，一直想起父亲这席话。“观禅”

的主要练习，包括检验“情绪的反应”和“情绪的对境：人、地点和情境”，是无常和互为缘起的。把寂寞、得不到爱、对社会的不适和别人的批评等分解为各个部分，我们就会开始了解，局部也不是本来就存在的。

这就是观禅修持的目的：将“恒常”“单一”和“独立”的幻相分成若干部分。如果以此方式深入观察情绪，你最后会得到找不到任何具有“恒常”“单一”和“独立”元素的结论。情绪和情绪的对境会随着修持而消失。更重要的是，以观禅看待念头和感觉，会发现：情绪的本质，就是无限的清明与自由，这是我们之前所不知道的。我们能够选择自己的反应，并且解开体验与体验者的分界，这是多棒的发现啊！

传统藏传佛教将这个体验，比喻为戴着帽子的旅人，他登上沿途都是树木的陡峭山丘。他抵达山顶之后，摘下帽子，坐在地上休息，享受着风吹拂他的头，沉醉在辽阔的视野，仰望宽广开放的天空。他珍惜抵达山顶之后的轻松。当我们认为情绪是坚实、恒常和独立存在的时候，就会对象征着概念聚集体的帽子产生执着。登往山顶的旅程，象征了观察情绪本质的过程。摘下帽子，象征的不只是放下概念之后的自由，也代表所带来的无限觉性。

不过，要适时地提醒大家一件事。通过观禅修持获得的自由和觉性，也许只能持续几秒钟，这是概念觉性的相续之流的间隙。不要担心。虽然一开始间隙不长，但是，它代表了瞥见自心的自然状态——空性与明性的双融合一。通过练习，间隙会愈来愈长。

（三）观察

就如同专注力的修持，观禅的第三个阶段也需要一些观察，同样也有三种不同的结果。

1．短暂消失之后，又回来了

首先，看着情绪时，它会短暂地消融在无限的觉性之中，也许只有几秒钟。然后，情绪会回来，可能比之前更强烈。你也许会想："我还在这里，我感觉到情绪，把这个情绪看成空性的，有什么意义呢？"

这些想法很正常。你可以再回到禅修，这没有时间限制，也不会禁止你一天修持五六次，甚至一百次。其实，我的老师们建议我持续地尝试，就算是短短的一分钟。透过反复练习，会发现情绪愈来愈不坚实，最后终于转化为无限的觉性。有一天当这个情绪出现时，它会提醒你曾经在练习时，体验过的自由和宽广。寂寞、得不到爱、生气等情绪不但不会连累你，反而会振奋你。

2．变得更鲜明、更强烈了

第二种情况，练习观禅时，情绪变得更强烈。你觉得无法看着这个情绪，因为它太强烈或太真实。"我办不到，我觉得这个情绪太鲜明了。"这样也是可以的，这其实是明性增强的征兆。不要企图摆脱情绪，看着它如何改变，如何展现无常。这不完全是观禅的修持，却是更甚深的专注力体验。

3．维持原状，不增强、不减弱，也不消失

第三种情况是看着情绪时，它维持原来的状态，既不增强，也不消失。你也许会同时见到情绪和空性。举例来说，当你感觉到欲望或嫉妒，看着这些感觉，你会体会到淡淡的"味道"，如同回音，如同梦中的感觉。传统佛教将这个体验比喻为在水坑或镜中看到的影像。你看到自己的反影，但是，你不会误认是自己。我的老师说，这样的结果最好，这是情绪解脱的征兆。尽管你感觉到它，但是你仍然清楚地知道情绪的本质是空性。

第二步：不同的尝试

当然，有一些情绪或内心状态非常强烈和顽强，就像那位女士几近一生渴望一段感情。另外，在现今的经济环境下，许多人有普遍的不安全感。还有时候是对父母、家人或同事持续生气好几年。我发现有一些已经离婚或正要离婚的人特别是如此。沮丧、焦虑、后悔过去的行为，也会延续一段很长的时间。这些状况都很难正面处理。

（一）首先，刻意制造小对境来禅修

与其企图立刻处理这些“重量级情绪”，倒不如去面对比较容易分解成小部分的情绪。你可以刻意制造一个身体疼痛，比如掐虎口（大拇指与食指之间的穴点）。要禅修这轻微的不舒服，非常简单且直接（掐虎口有附带的好处，针灸专家指出，在虎口施压可以减轻头疼）。或者你可以禅修极热和极冷的身体感觉，从记忆去搜寻，然后禅修流汗和发抖的不舒服，并希望舒缓这些状况。或者看着你想要一样东西的欲望，比方是轻巧的3C（信息家电）产品。

（二）接着，把大的情绪分解成小部分来禅修

另一个方法，是把大的情绪分解成比较小的部分。

有一位学生曾经因为抑郁症的复发而感到痛苦，她提到一种观禅修持的创新法。因为触发她抑郁症的大部分原因，是她童年时期，母亲反复告诉她的一句话：“你真是一团糟！”当这段话在她的心中生起时，她就开始把它切成小单位：“你真是——”“你真”“你”……运用这个方法之后，她能自在地探究她的念头和感觉的意义——

什么是“一团糟”？

什么是“你真”？

什么是“你”？

我的母亲是什么或是谁，说出这句话呢？

接受“我”真是一团糟的“我”，又是谁呢？

用更多的分析将大情绪分解为比较小的单位，你也许会觉得更有帮助。举例来说，当你嫉妒的时候，问你自己——

是谁在嫉妒？是我的脚吗？是我的手吗？

嫉妒在哪里产生的？

它是持续的吗？其他的念头或感觉是否打断了嫉妒呢？

我嫉妒的对象是谁？我在嫉妒他的手？脚吗？嘴巴吗？

还是从他嘴中说出的话？

我真的能够指出一个恒常、单一和独立的嫉妒对象吗？

（三）回想童年记忆来禅修

另一个不同的方法，是观察童年的记忆，这比成年时期负荷在我们身上的复杂念头和感觉，更容易分解成比较小的部分。

最近有一位学生跟我谈到，他想起小时候从树上摔下来膝盖擦伤。当时他不只是身体的疼痛，还有丢脸的感觉，因为很多玩伴都看到他摔下来。他运用这个童年回忆来禅修，于是他问他自己——

那个疼痛是什么感觉？

丢脸是什么感觉？

我的心跳有加快吗？

我的脸涨红了吗？

我想要躲起来吗？

就观禅的修持来说，“不同的尝试”重点就在“练习”。从小地方开始，利用比较简单的焦点。这么一来，你会增强你的力量。或者，回到古老的西藏比喻，填满你的蓄水池，你就能够禅修更巨大、更顽强的问题。

第三步：退后一步

很多人抗拒“观的禅修”。有些人觉得，要将情绪分解成比较小的部分很困难。有些人觉得，这个练习太枯燥或太多分析。有些人是单纯太害怕去观察情绪的根源。抗拒观禅，有几种主要的原因——

（一）害怕面对情绪的根源

举例来说，我有一位学生最近跟我谈到他跟母亲之间的冲突。每次他母亲的车子需要加油时，她就会打电话跟他求助。这个冲突表面上好像是围绕在他母亲的无助。后来，他终于面对母亲，他们共同发现问题的根源混杂了嫉妒和悲伤。他的母亲嫉妒他的时间都跟室友在一起，她的痛苦来自儿子搬出去之后的失落感。

这个例子说明了抗拒观禅最强烈的一个因素，就是“对于改变的恐惧”，失去特定身份的恐惧——这是受第五个佛性障碍（过度重视自我）影响的一种抒发，例如倾向认定自己是无助的、孤单的、焦虑的或害怕的。就像刚刚提到的母亲，害怕失去跟儿子的互动。

有些人告诉我："我需要生气才能把事情完成。"另外有一位学生告诉我，她跟一位流行作曲家最近经常吵架，他们反复分手，然后又努力重修旧好。他们的关系是接连不断的痛苦根源、戏剧性、爱和茫然。最后，她问她的男朋友："我们不能只是保持一种平凡的关系，而不要这么高潮迭起吗？我们会意见不同，但有必要这么戏剧化吗？每一次吵架都要弄得你死我活吗？"他看着她片刻，仿佛她是个外星人似的。"我需要戏剧化的感情才能带来创意，"他回答，"我需要感情中的高潮迭起才写得出歌词。"

幸好她不需要这些戏剧性来满足自己工作需要，那次谈话之后，她结束了那段感情。我发现她的故事特别有启发性。

（二）对空性的误解

不过，许多人抗拒观禅是因为对空性的误解。不止一个人问我："如果我是空性的，跟我一起工作的每个人都是空性的，我的所有感觉是空性的，我要如何跟别人互动？"他们害怕必须放弃自己的身份，或害怕他们的人际关系和体验会变得毫无意义。

像这样的问题，让我想起我的童年往事。我小时候大部分时间都待在努日（Nubri），这个地方位于尼泊尔的喜马拉雅山系，冬天暴风雨非常严酷。有一次，刮了一场特别猛烈的暴风雨，北风狂扫我家的墙壁，我很怕房子被吹垮。我跑到客厅的柱子旁，使尽力气抵住柱子来对抗强风。（当然，房子没有倒塌，不过，我怀疑我微弱的力量有没有任何作用。）

这个事件，让我想起几年后我第一次搭公交车的体验。

有一年的冬天，我跟母亲要从努日去加德满都。当时努日是一个还未实现现代化的偏僻村庄，没有自来水、没有电、没有马路。加德满都的天气比较暖和，可以在比较温暖舒适的环境过冬。为了去加德满都，我们必须在原始的荒野中徒步十天，晚上睡在洞穴或野地，吃的是用我们随身扛的锅具煮的饭。后来，我们到了一个叫果卡（Gorka）的地方，那是我第一次看到卡车和公交车。

我对这些车子的第一印象，是它们好像大型动物。车灯看起来像眼睛，移动的时候发出轰轰声，喇叭声好像愤怒的老虎在吼叫。我们走近一辆公交车，母亲说："进去。"

"我绝对不要！"我心想，但是母亲很坚持，她把我拉进公交车。第一天坐车，我吓坏了。我坐在野兽的肚子里！我们行经的马路路况很糟，到处凹凸不平。每次车子撞到障碍物时，我都觉得野兽整个要翻身了。几个小时之后，我开始又晕又吐。最后，我们终于到站了，母亲跟我住到一家饭店。那个晚上，我发烧又头晕。我记得天花板风扇的开关是关的，可是我却看到了风扇叶片在转动。渐渐地，整个房间也开始天旋地转了。

隔天我觉得好多了，母亲斩钉截铁地告诉我："我们该走了！"我们上了公交车后，母亲找到了前排座位。我开始告诉自己，几乎像咒语一样告诉自己："这只是一匹马，这不是野兽。"于是，我坐公交车的体验开始改变。我了解马，因为我以前骑过马。我打开窗户感觉到微风吹拂过我的脸。行经尼泊尔南部时，我朝窗外看，开始欣赏绿树和草原的风景，这里的风光和感觉像夏天。

由于我看着恐惧，并转换感觉，我才能安然地搭公交车。更重要的是，这几乎是我第一次练习观禅，基本上这个修持就是：放下先入为主的观点，全然接受改变，突破“盲点”，去发现从未梦想过的内在资源。

第四步：休息一下

如果你试遍本书提供的所有步骤，还是不能掌握自己的修持，或者你开始觉得疲倦、挫折或无聊，或者每天抽出一两分钟来修持都意兴索然。

刚开始慢跑的人，只能跑五到十分钟。即使是这么短的时间，跑者也需要暂停一下、歇歇脚。就算他们想要持续久一点，也做不到，因为他们的身体完全不习惯这样的锻炼。不管他们多想要继续跑，都必须停下来，他们可以在隔天和再隔天延长锻炼时间。最后，他们能够持续跑好几公里，甚至能够参加马拉松！

同样地，练习观禅时，如果你开始觉得无聊或没兴趣，或觉得这个修持太枯燥或太多分析，或你正在探索的情绪增强了，休息一下很重要。

以专注力的修持来说，如果感觉消失，或是达到真正深层的空性体验，二元感知消融了，你也必须停下来。大家听到这个说法都会质疑：“为什么我要在修持进展很好的时候停下来？”

我曾经问我老师同样的问题，我把他们给我的答案告诉各位：我们很容易执着于自由的感觉，以至于我们想要制造它。放下“释放”或“舒缓”的感觉，就是究竟的观禅修持。我们在放下“放下”。

方法三：扩展同理心（慈悲的禅修）

无量悲心自然跃向被自己的幻觉囚禁的痛苦众生。

——卡卢仁波切，《明光心：佛陀的行持》

几个月前，我有一位学生骑马跌下来，摔断了骨盆。在复原期间，她的男朋友跟她分手了。她的男朋友通过电话和电子邮件批评她“扮演受害者”来博得同情。他告诉她，她出意外是因为报应，因为她跟自己家人的关系不好。这件事情发生时，她拒绝跟别人谈到男友的反应。他成了朋友和家人眼中的“坏蛋”，她心中也增强了对他的批评。

她跟男友分手的三个月后，奇妙的巧合发生了，她的前男友从树上摔下来，跌断了背部好几根骨头。

她的前男友打电话给她，请她归还当时他送给她舒缓疼痛的仪器，那时，我的学生大可以用负面的态度响应他。但是，她寄给他一份爱心包裹，其中包括他要回的一些仪器，以及当时对她疼痛有帮助的另类治疗的药方。她了解在剧烈的身体疼痛时被别人攻击的内心痛苦，所以，她付出更多的关怀。她并没有问他是不是在扮演受害者，或告诉他这个意外是报应，反而因为她了解自己曾经遭受的内心痛苦，因此，她选择寄爱心包裹表达关心。

她并没有趁机报复前男友，而是以同理心回应他，于是她体验到自心的平静。因为跟前男友的和睦相处，对方有机会察觉他曾经对她的批评。如果她以愤怒响应，以牙还牙，他很可能会紧闭心房，怀恨在心或做出更苛刻的批评。然而，她选择用爱心包裹来付出关心，而不是报复。于是，她不仅体验到自心的开放，也给前男友一个机会打开他的心——也就是，让他了解攻击一个处在痛苦之中的人，可不是什么建立和促进健全关系的好方法。

第一步：主要的修持

就像专注力与观禅的主要练习，可以浓缩成三个阶段。同理心的禅修也可以分解为许多步骤，但是，因为同理心是一种转化的过程，所以我把它分为四个阶段：

（一）任何感觉生起，看着它

与专注力和观禅的修持类似，也就是将注意力带到你的任何感觉。

（二）认出别人也在受苦

认出其他人因为难以忍受的情绪和情绪的冲突而痛苦，于是，我们了解“我不是唯一受苦的人”。当你了解其他人也在受苦，你会开始觉得跟别人是相同的。你想要远离痛苦，别人也是一样；你想要得到快乐，别人也是如此。我们在第二部提到的例子：想象你的脸颊插了两根锋利的针，其中一根在左脸颊，另一根在右脸颊。右脸颊的疼痛代表你的不快乐和痛苦，左脸颊的疼痛代表别人的痛苦和不快乐，两边的疼痛是相同的。

（三）施受法

施受法的修持，我们在本书“第二部”已经详尽解释过了。我在这里简要总结这个技巧：你开始把注意力带到你自己的痛苦，并了知他人的痛苦；然后，运用你的想象力，将无量众生的所有痛苦、痛苦的情绪与原因，全都吸入你自身。接着，想象送给他人，你所有的美好特质和每一瞬间的快乐。

有一些典籍建议，想象痛苦像一股厚重暗沉的云雾，快乐和正面的特质就像是明亮的光芒。建议各位，可以将施与受的观想配合呼吸来进行。吸气的同时，吸入其他众生的痛苦；吐气的同时，想象送出你的正面特质。我的许多学生告诉我，观想结合呼吸的修持本身就带来了平静。

施受法的修持有许多好处。当然，首先你会知道自己并不孤单，这帮助你减轻因为自我批判而带来的痛苦。第二，了解别人的痛苦会消融你对他们的批判，即使有的批判已经形成多年。就像你了解自己的痛苦，以及由之而生的一些言语、影像和行为，你也开始了解别人伤人或不经意的行为，也是从类似的不快乐根源而来。扩展正面特质，同时会帮助你切断第四个佛性障碍的影响——盲点，逐渐自觉到你真正拥有的正面特质，并且扩展你之前从未想过自己拥有的能力。

然而，更重要的是，将“施受法”运用在同理心的修持，你会逐渐发现个人的痛苦是有意义的。当你开始视自己的情绪代表所有众生的情绪时，你更加承诺要连接并帮助其他众生从烦恼或破坏性的情绪中解脱。

（四）自然转化

同理心主要修持的第四阶段，跟专注力和观禅的观察有些不同。此处，我们观察的是同理心的转化力量。我们不逃离情绪，不企图压制它或被它击倒，而是让情绪生起。情绪浮现时，它成了慈悲的一部分，它是有贡献的。透过修持，你会发现我们自然转变了对烦恼的观点。它们并不坏，也没有害处，这些不悦的情绪，其实能帮助我们更敏锐地觉察他人的痛苦。运用烦恼作为“施受法”的修持焦点，你最终就能够帮助别人。

第二步：不同的尝试

（一）从小的情绪下手

就像之前在专注力和观禅修持的讨论，直接禅修强烈情绪或长期习性并不容易。如果你在修持同理心时有同样的问题，那么就从比较小的情绪、小部分的强烈与长期情绪的习性开始。根植在内心的强烈情绪和情绪习性，就像海洋好像没有底部和尽头。当你要游泳横渡海洋时，最好是先在游泳池或水池中锻炼实力。

举例来说，如果你因为自卑、孤单、焦虑或沮丧而痛苦，不要立刻应付所有的状况。专注在其中一个，可能是触发你自我批判、绝望或疲倦的沮丧事件。

你可以从比较小的情绪开始，像是你在超市或银行排队时，有人插队让你觉得懊恼或生气。另一种方法是修持“世俗的慈悲心”（编注：相对于“胜义慈悲心”）。有一位男士用这个修持去面对顽强的焦虑带来的痛苦。当他的焦虑发作时，他专注在他的祖母，她是一位非常焦虑的人。由于他能够对祖母的焦虑感同身受，这减轻了他自己的焦虑，他逐渐能将同理心扩展到更多的人。

（二）运用回忆，帮助练习

回想过去的情绪，像是恐惧或生气，甚至是前面提到从树上摔下来的疼痛和尴尬，也能帮助你增强力量去处理更大的情绪。一旦你从这些小地方增长力量，你就能够开始禅修比较大的问题，像是自我批判和批判别人。

第三步：退后一步

一般当我们想要修持同理心时，我们认为必须将负面情绪、自我等搁在一旁。但是，修持“施受法”让我们发现负面情绪完全不同的面向。举例来说，有一位女士在私下会面的时候告诉我，她的脾气很不好，她请我教她一个控制脾气的方法。我开始教她止的禅修，让她能够觉察自己的脾气。她打断我说：“我已经试过了，这个方法对我没用，我需要不同的方法。”所以，我教她“施受法”，一开始她很惊讶。“这个办法很好！”她说。但是，她想了一会儿之后，又说，“我想这个方法不行，因为慈悲跟我的脾气正好相反。我真的很难想象慈悲是什么样子。”我建议她先试试看：“明天再告诉我情况如何。”

隔天早上，她笑容满面地回来找我。“连我自己都很惊讶。通常我要禅修慈悲时，我就会跟自己的脾气打架，我会抗拒和压抑脾气。但是，练习这个修持时，我就让坏脾气待着。我没有改变它，而是改变对它的看法。”

她的反应，启发我去观察：为什么有这么多人抗拒扩展同理心！

（一）误以为修持同理心，就是要摆脱情绪

首先是他们误解了这个修持的目的，他们以为这个方法是为了要摆脱情绪。你会以为：“我有批评别人的毛病，现在我要开始修持，所以，我在当下此地就可以摆脱这个习性。”但是，成效不如预期，习性没有消失。于是，你心想：“糟糕，我碰到困难了！”“我讨厌这个修持，这方法没用。”

这些反应，是涉入希望与恐惧的典型实例——“希望”情绪立刻离开，“恐惧”你的努力丝毫不会改变情绪。

我早期面对恐慌的时候，我的老师萨杰仁波切建议我：“你需要退后一步看着希望与恐惧，以它们为同理心修持的焦点。我们全都‘希望’从痛苦中解脱，然后‘恐惧’我们无计可施。”

（二）害怕面对太强太深的情绪

第二种抗拒来自看着情绪本身。寂寞、自卑、对他人的批评等，这些情绪太大或根深蒂固以至于难以正视。如果是这种情况，那就退后一步，禅修比较小的情绪。先禅修情绪的起因、刺激情绪的事物或童年的回忆，注视着希望与恐惧。

第四步：休息一下

（一）修到觉得无聊、无力时，停一下

就像专注力与观禅的修持，你可能开始觉得无聊或疲倦。你心想：“不行，我一定要再试一次。”或者，你禅修的重点变模糊，修持的热忱降低，以上这些情况就是停下来的明显征兆。你不用觉得罪恶。请记得，你是在增强内心肌力，这需要花一些时间。

（二）修到觉得很好、很强时，停一下

另外，就像我在专注力和观禅修持时给各位的建议，当你的修持进展很好的时候，停下来也是很重要的。当你觉得自己的慈悲心已经有了惊人的进展，你觉得：“从今天起，我要一直利益所有的众生”“我真的转化了，我可以传送我所有的善妙特质给众生”——这时，你该停下来了。

为什么呢？

佛教史上有一个例子可以解释这么做的原因。

19 世纪的时候，西藏佛教大师巴楚仁波切，早年大部分时间都在修持甚深禅定，并领受当代最重要老师和学者的教导，后来他自己也成为老师。

有一位弟子得到了巴楚仁波切的慈悲基本教法之后，兴奋地说：“我现在了解慈悲了！从今天开始，我完全从恐惧与愤怒中解脱了。即便有人打我，我也不会生气！”巴楚仁波切小声地建议他：“你太早下定论了，放轻松，只要修持就好了。”

但是，这位弟子并不同意巴楚仁波切的提醒，而且他开始把自己的转变告诉每一位愿意听他讲的人。

有一天早上，这位弟子坐在佛塔（代表佛陀证悟心的精神纪念塔）旁边禅修。他面朝东方，太阳升起的方向。他禅修的时候，眼睛半闭，外袍盖在头上。就在这个时候，巴楚仁波切正在绕塔，这是一种虔敬的行持。巴楚仁波切的习惯是不穿奢华正式的衣着，只穿着一件破烂袍子。他绕完第一圈佛塔的时候，停在这位弟子面前，然后问他：“先生，你在这里做什么？”

这位弟子没有认出穿着破烂衣服的老师，于是简洁地回答他：“我在禅修慈悲。”

“噢！真好。”巴楚仁波切回答。

巴楚仁波切接着绕完一圈佛塔时，又走到弟子面前问他：“你在做什么呢？”

这位弟子还是没认出他的老师，草率地回答：“我在‘禅修’慈悲。”

“噢！真好。”巴楚仁波切回答。

巴楚仁波切又绕完了一圈佛塔，又停在他的弟子面前，问了同样的问题。这一次，他的弟子生气地大吼：“我告诉过你了，我在禅修慈悲！你有毛病吗？你没有耳朵吗？”弟子气得发抖，就在那个刹那，他自己的袍子从头上滑下来，他睁开双眼，认出了他的老师。

巴楚仁波切站在他的面前微笑。“这就是你的悲心吗？”他温和地问。当下，这位弟子所有的傲慢都消失了。

这个故事的寓意是，即便我们对于同理心有理智上的认识，并且通过修持得到了一些小成果，我们仍然需要时间增长慈悲的能力。我们需要知道什么时候应该休息，并且做短时间的禅修练习——也许是一分钟左右，一天数次，直到我们“悲心的肌力”茁壮为止。

交替使用不同的方法

禅修就像所有的艺术，一定有一种微妙的平衡。

——索甲仁波切，《西藏生死书》

几年前，我在纽约住过一段很长的时间，遇到一位男士想要学习禅修。他最好的朋友前一阵子过世，于是，他因为悲伤、沮丧和一直对自己的死亡很恐惧而感到痛苦。在数星期内连续几次的个别会面中，我教他运用形体和其他的感官对境来辅助禅修，我还给他增进感官禅修的特别功课。后来，在一次公开教学中，他学到运用念头和情绪作为禅修的辅助。那次公开教学不久之后，他请求另一次个别会面。

“我没有办法看着念头和情绪，”他坦白地说，“太可怕了，就像看着迎面而来的海啸。”

我大概知道他的背景，我觉得他描述情绪的画面还蛮有趣的。

我告诉他：“我忘了你主要的工作是什么。”

“我是职业冲浪选手。”他小声地说。

“对了，我想起来了。”我回答，“那么，你对于大浪的感觉如何？”

“噢！我喜欢大浪！”他说。

我点点头：“告诉我你是怎么学冲浪的，你以前喜欢海浪吗？”

这位男士解释，刚开始，他有几位很迷冲浪的朋友鼓励他。他们花了有蛮长一段时间才说服他，因为他之前觉得，连小海浪都看起来很危险，就像“海啸”——他用同样的字眼形容情绪。

“但是，因为朋友的鼓励，我强迫自己克服恐惧。现在我很喜爱海浪，我可以跟海浪玩耍，利用海浪玩耍。大浪就是挑战，而且推动我更进一步增进技巧。其实，冲浪是我现在的收入来源，我参加比赛而且得过奖，你也可以说，”他兴奋地补充说，“海浪是我的生命。”

我等他说完他的故事，欣赏着他谈到工作时绽露的笑容。然后，我告诉他：“你的念头和情绪就像海浪，乘浪就像看着念头和情绪。所以，就像你所说的，你知道如何运用海浪，那么你也会知道如何乘着念头和情绪。”

然后，我给他一些功课。我请他从小的情绪开始，慢慢去禅修他的念头和情绪，就像他第一次去冲浪一样。“修持就像你的朋友，”我说，“修持的目的是要鼓励你，帮助你面对念头和情绪的海浪，就像是你可以一起玩耍的对象。你无法停止海浪的生起，不是吗？但是，你可以学习如何乘浪。”

隔年我没有见到这位男士，但当我再次见到他时，他的脸上堆满笑容。

“您记得我告诉您，海浪是我的生命吗？”他说道。

“我当然记得。”我回答。

“现在念头和情绪是我的生命了！您是对的，那就像冲浪一样。”

“你是用什么方法呢？”我问。

“全部的方法。”他说，“有时候我会交替使用，就像我会交替使用不同的方法冲浪。像是有时候用长板或短板、崩溃点漂浮、转弯和下浪花。”

因为我不是职业冲浪手，他说的这些名词我完全不懂。但是，我可以抓到他的重点：交替方法的重要性。

就像早期我的老师说，转移焦点是很重要的，无论是禅修的方法和禅修的对境都是如此。为了保持禅修的清新，你要不时地转移焦点。如果你选定一个对象或方法太久，你会渐渐觉得无聊、模糊和筋疲力尽。我遇过一些人失去对修持的热情，那是因为他们修持对他们有效的特定方法太久。

前一阵子我遇到一位男士，多年来他只用专注呼吸作为平静自心的练习以及观修无常的方法。“第一年很棒，”他告诉我，“但是，之后的几年，我就没有感受到同样的效果。我不觉得我有进步。当我忙碌的时候，有很多想法生起，专注呼吸曾经很快让我平静下来，但是，现在完全不奏效了。”

我们交谈时，我知道了他只学过一个技巧。所以，我建议他找一些别的方法来解决问题。我在几天内教他专注力、观禅和慈悲修持的基本步骤。我更进一步地建议他，每隔一阵子就交替禅修的方法。后来，只要我们见到面，他都感谢我打开他的视野，让他看到许多禅修自心的方法。

“你不用感谢我。”我告诉他，“谢谢那些前辈，我的老师、他们的老师、古代的佛教大师们。”他们了解：情绪的产生以及支撑情绪的佛性障碍，基本上都是感知的习气，在我们出生时就出现了，而且随着成长，变得愈来愈强烈和根深蒂固。这五种佛性障碍，把我们锁在特定身份中，我们用这个身份与自己和别人互动，然而，这种方式是最具干扰性和破坏性的。

当我们运用不同方法对治时，会了解这些障碍对我们的影响，因此会认出自心的力量和潜能。这就是佛法修持真正的基础：了解我们的心，就能够创造它自己想要的现实。

| 第十二章 |

喜悦的智慧

只要坚持不懈，就会成功，在克服障碍的过程中，你会得到喜悦。

——海伦·凯勒（Helen Keller）

脆弱与不完美的感觉之中，蕴含着了悟自身真正力量的关键。如果我们能面对生命中的烦恼和难题，就会找到内心与外在的安乐。如果我没有面对我大部分年轻时的恐慌和焦虑，就不会有现在的成就。我永远不会有勇气或心力搭飞机和环游世界，并坐在一群陌生人前传达智慧。这智慧不只是来自我的体验，也是我的指导老师们——那些真正伟大的成就者的体验。

我们都是佛，只是没有认出来。文化熏陶、家庭教育、个人经历，以及靠神经元记忆库，去分辨和评估当下体验及未来希望与恐惧的基本生理倾向等，局限了我们看待自己和周遭世界的观点。

一旦你承诺要开展自身佛性的觉察力，你一定会开始看到你每天的体验都在转变。本来会困扰你的事情，逐渐失去影响力。你会更直观、更放松和更真诚。你会开始了解障碍是成长的机会。当局限和脆弱的幻觉逐渐消失的时候，你会发现内心深处真正伟大的自己。

最棒的是，当你看到自己的潜能，你也会开始认识身边每个人的潜能。佛性不是少数幸运者才能拥有的特质。**真正认识佛性的时候，你会发现它是如此平凡——你会知道所有生命体都有佛性，只是并非每位众生都能认出佛性就在自身中。**所以，当有人对你咆哮或用其他方法伤害你，你不会紧闭心门，反而更为开敞。你知道他们不是“无聊分子”，而是如你一般想要快乐和平静的人。他们做出无聊的行为，是因为他们没有认出自己的真实本性，而且被脆弱和恐惧弄得不知所措。

你可以先从简单的发愿开始，发愿自己会修持得更好，以更大的觉察与洞见去面对一切，并且对他人更敞开你的心胸。决定你是痛苦或平静的唯一因素，就是动机。智慧与悲心是同步进展的。当你愈专注，愈深入检视对境，会更容易生起悲心；当你为别人更敞开自心，你所有的行持就会更有智慧和更专注。

在任何时刻，你都可以选择追随强化“我自己是脆弱而受限的”那些念头、情绪和感觉；或者，你可以忆持自己的真实本性是清净、无限和不会受伤的。你可以一直沉溺在无明的昏睡中，或者，你可以忆持自己一直是觉醒的。无论是哪一种选择，你都在表达真实本性的无限本性。无明、脆弱、恐惧、生气和欲望都是佛性无限潜力的表达，无论选择什么都没有对错。佛法修持的成果，纯粹就是认识所有的烦恼只不过是我们的不同选择，因为我们的真正本质是无限的。

我们选择无明是“自己的选择”，我们选择觉醒也是“自己的选择”。轮回与涅槃纯粹是不同的观点，端视我们选择要如何检视并认定我们的体验。涅槃并不神秘，轮回也没什么不好。如果你决定要根据过去经验去认定自己是有限、忧虑、脆弱或害怕，你只要了解那是你自己的选择。用不同方式去体验自己的机会，一直都在。

大体上，佛教的修行之道，提供了“熟悉”与“实用”两种选择：维持熟悉的念头和行为习性，当然会很舒适和稳定；如果要跨出舒适熟悉的领域，必须走向可怕和不熟悉的领域——那不舒服的灰色地带，就像我在闭关时的体验，你不知道是该回去熟悉但令人害怕的地方，还是直接走向纯粹只是因为不熟悉而心生恐惧的地方。

当你选择要认出自己的潜能，心中会有不确定感。好几位学生告诉我，那就像要结束一段折磨的关系。放下这段关系，会有不舍与失败的感觉。

割舍一段折磨的关系，与进入佛法修持之道的主要不同是，当你进入佛法修持之道，你等于是结束了跟“你自己”的折磨关系。选择要认出自己真正的潜能时，你会发现自己不再像过去那么经常地轻视自己，对自己的评价会更积极与光明磊落，你是那么自信和庆幸自己是活着的啊！

同时，你开始了解周围每个人都有同样的潜能，无论他们自己是否知道。你不会视他们为威胁或敌人，你能对他们的恐惧和不快乐感同身受。你会自然地着重替他们解决问题，而不是着重在问题本身。

终究，喜悦的智慧来自你选择“觉察烦恼”引起的不安，还是选择“被烦恼控制”的不安。如果你单纯安住在觉察念头、感觉和感官知觉之中，并了解它们是你身心交互作用的产物，我不能保证你会永远地快乐。相反地，你用这种方式看自己还有可能会非常不愉悦。

这种情况同样会发生在新事情上，像是到健身房、开始新工作或节食。开始的前几个月总是困难的。你为了掌握新工作而需要学习所有的技能，是很辛苦的；你要激励自己去运动，是非常费力的；每天要吃得很健康，是相当不易的。但是，一阵子过后，愈来愈容易了。你开始觉得很愉快、很有成就感，整个自我的感觉开始改变。

禅修也是一样。前几天也许会觉得不错，但是，可能一个星期之后，修持成了折磨。你找不到时间修持，禅坐并不舒服，你无法专心，内心倦怠。你面临瓶颈，就像跑者想要多跑半英里，身体说：“我办不到。”但心里却说：“我应该要这么做。”两种声音都令人不愉快，我们无法满足两种要求。

佛教通常会提到“中道”，它提供了第三种选择。如果你连一秒钟都无法专注在声音或烛火，那么你无论如何都应该停下来，否则，禅修就成了苦差事。你最后会想：“噢！不会吧！现在是 7 点 15 分，我必须坐下来培养觉性。”用这种心态修持是不会进步的。不过，如果你可以再继续一两分钟，那么就继续下去，你会有惊人的发现。你会察觉在抗拒的时候，你不想承认的念头和感觉就会出现，或者，你会发现安住自心的时间超出了预期，光是这样就让你对自己更有信心。

但是，最棒的是，无论禅修时间的长短，无论选择哪一种方法，佛教禅修中的每个技巧终究是在增长悲心。每当你看着自己的心，你就不可能看不见周遭人跟你的相似之处；当你发现自己渴望快乐，你就不可能看不见别人也有同样的渴望；当你清楚看到自己的恐惧、嗔恨或厌恶，你就不可能看不到周遭每个人都有同样的恐惧、嗔恨和厌恶。

这就是智慧——这不是从书本上学到的，而是从自心的觉醒而来，也就是认识到我们跟他人的关系以及喜悦之路。